梯度增强层的原位制备技术及力学性能

赵娜娜　钟黎声　许云华　陈思霖　著

U0315608

北　京
冶金工业出版社
2024

内 容 提 要

本书对钢铁基复合材料表面梯度增强层制备方法和工艺优缺点等做了简明阐述，系统地介绍了表面梯度增强层的原位反应制备方法和组织性能。第 1 章概述国内外表面梯度增强层的研究现状；第 2 章介绍原位反应的选材、工艺流程及表征手段；第 3 章从热力学与动力学两个方面分析增强层的形成；第 4 章阐述原位生产增强层的组织演变及形成机制；第 5 章用压痕法研究增强层的力学性能和断裂韧性；第 6 章论述 TaC 和 WC 增强层的磨损性能。

本书适合耐磨材料领域的工程技术人员阅读，也可供材料类及相关专业的高校师生参考。

图书在版编目 (CIP) 数据

梯度增强层的原位制备技术及力学性能/赵娜娜等著 . —北京：冶金工业出版社，2024. 5

ISBN 978-7-5024-9848-1

Ⅰ. ①梯⋯ Ⅱ. ①赵⋯ Ⅲ. ①陶瓷复合材料—力学性能—研究 Ⅳ. ①TQ174. 75

中国国家版本馆 CIP 数据核字 (2024) 第 084668 号

梯度增强层的原位制备技术及力学性能

出版发行	冶金工业出版社	电　话	(010)64027926
地　　址	北京市东城区嵩祝院北巷 39 号	邮　编	100009
网　　址	www.mip1953.com	电子信箱	service@ mip1953.com

责任编辑　王悦青　美术编辑　吕欣童　版式设计　郑小利
责任校对　郑　娟　责任印制　窦　唯
三河市双峰印刷装订有限公司印刷
2024 年 5 月第 1 版，2024 年 5 月第 1 次印刷
710mm×1000mm　1/16；11 印张；208 千字；167 页
定价 75. 00 元

投稿电话　(010)64027932　投稿信箱　tougao@cnmip. com. cn
营销中心电话　(010)64044283
冶金工业出版社天猫旗舰店　yjgycbs. tmall. com
(本书如有印装质量问题，本社营销中心负责退换)

前　　言

　　《中国制造2025》重点领域技术路线图的发布，对我国制造业转型升级和跨越式发展作了整体部署，特别是为新材料领域描绘了蓝图，指明了方向。复合材料作为现代材料的一个重要分支及研究方向，其发展的工业水平已经成为衡量一个国家或地区科技与经济实力的标志之一。陶瓷增强钢铁基复合材料是一种应用较广泛的复合材料，因其具有良好的韧性和强度而备受青睐，未来在航空航天、军事工业、电子仪表、汽车制造等领域有着巨大的应用前景。

　　目前制备表面梯度增强层大多是在已成型工件表面进行二次加工，易造成工件变形、产生缺陷且增强层厚度有限。原位反应实现基体制备表面梯度增强层，增强体表面无污染；可有效控制增强体的种类、大小、分布和数量；与金属基体浸润性好，避免了与基体相容性不良的问题，且界面结合强度高。这使得原位反应制备增强层成为增强层界关注的热点。这种技术符合工艺简单、过程可控增强层制备的发展方向，是值得大力推广的先进增强层制备技术。

　　本书对钢铁基复合材料表面梯度增强层制备方法（如激光熔覆、离心铸造、粉末冶金、等离子喷涂、物理/化学气相沉积）的原理和工艺优缺点等做了阐述，力求突出科学性、先进性和实用性。

　　本书依托国家自然科学基金青年科学基金项目——钢表面微/纳米NbC梯度层的原位制备及强韧化机理研究（51704231）、陕西省科技厅重点研发计划重点项目——碳化物陶瓷/钢铁表面梯度复合材料的可控制备与性能优化（2018ZDXM-GY-139）等项目，实验部分依托教育部耐磨材料与技术工程中心，内容涉及陶瓷增强钢铁基表层梯度增强层设计、界面的相关基础知识、制造方法、应用、性能及其表征与测试技术等，为耐磨行业领域积累了大量宝贵的经验。

　　本书可为高等学校材料成型及控制工程专业本科生或研究生提供思路，也可供研究院（所）等科研单位和企业的工程技术人员参考。

　　本书的编写得到了许多同事的支持，并参考了大量文献资料，在此表示衷心的感谢。

　　由于作者水平有限，书中若有不足之处，敬请读者批评指正。

作　者
2023 年 12 月

目　　录

1 绪 论

材料的磨损、腐蚀、疲劳和断裂等破坏大多从表面开始，所造成的损失和浪费巨大。据资料统计，各类机械工件的过早破坏，70%以上是由磨损和腐蚀导致的。解决这一问题的方法之一是利用抗磨损或耐腐蚀的结构材料制备整体零件，但整体增强成本较高、材料塑韧性急剧降低，且难以兼顾零件对芯部韧性和表面耐磨性的综合要求，使得工件不能承受较大的冲击载荷[1]。此外，整体增强增加了零件制造及后续机械加工的困难，且不利于材料的回收与再利用，造成严重的污染和浪费[2]。

表面工程的出现为此提供了良好的解决途径。表面工程技术的实现一般可通过物理、化学、机械等方法，是在材料表面或近表面涂敷、改性或复合处理，以改变基体表面的组织形貌、物相结构、化学组成等，从而获得与基体材料不同的，具有光、电、磁、热、耐磨、耐腐蚀等特殊性能的覆盖层或表面层[3]。其中，表面强化技术可将高硬度、高耐磨的强化相颗粒直接熔入基体材料中或者通过预敷材料与基体发生化学冶金反应原位生成所需的硬质相。耐磨的硬质相分散在韧性较好的基体中，使得该层的硬度大幅提高从而获得极高的耐磨性或较好的抗腐蚀等性能。另外，表面强化技术也可用来修复受损零部件、延长零件的使用寿命。这种表面增强不仅可以大幅度节省能量，降低材料消耗，节约资源，而且在很大程度上降低了成本，简化了工艺。目前已经广泛应用于航空航天、汽车、矿山、冶金、煤炭等工业的工件处理中。从不同的角度综合分析，表面工程技术可以分为以下5种类型，见表1-1[4]。

表1-1 表面工程技术的分类[4]

序号	分类	外加层	基体状态	方法	特点
1	表面改性	无	改变基体表面成分	化学热处理，离子注入	表面与基体结合力很强
2	表面涂覆	有	不改变基体表面成分	化学镀，电镀，涂装，物理气相沉积，化学气相沉积，堆焊，热喷涂，热浸镀，激光束或电子束表面熔敷	表面层与基体的结合力满足工况要求，采取适当的方法时经济性好、环保性好

序号	分类	外加层	基体状态	方法	特点
3	表面处理	无	改变基质材料的组织结构及应力	表面淬火热处理，表面变形处理	表面与基体结合力很强
4	纳米表面工程技术	—	—	综合 1、2 和 3 的方法使得表面纳米化	表面性能得到进一步提升
5	复合表面技术	—	—	综合运用多种表面工程技术，协同以改善表面性能	综合性能良好

1.1　表面梯度增强层的研究进展

表面涂层或薄膜是提高工件或器件表面性能的一种重要方式，但以这种方式增强时基体材料和增强层之间由于组织成分突变，导致界面处应力集中较大，因此会引起较大的物理特性和力学性能差异，使得界面性能不匹配或差异较大而发生突变破坏。另外，这种传统的叠层增强一般厚度有限。表面均质叠层增强由于其自身特点和局限性，往往难以满足苛刻工况的特殊要求。若增强层中复合的两相能形成梯度分布，即由一种材料过渡到另一种材料，可使增强层中各位置不同材料的优点相互补充，发挥协同效应；与此同时，界面应力集中将大幅降低，这就是所谓的梯度分布增强体系，称为梯度增强。目前，已广泛应用于宇航、能源、交通、光学、化学、生物医学工程等领域[4]。

1984 年日本首次提出将功能梯度材料作为热障材料[5]，用于航天飞机推进系统中超声速燃烧冲压式发动机，其燃烧室壁两侧温差高达 2200 ℃，梯度材料的提出和应用很好地解决了这一问题。事实上，早在 2400 多年前，我国就已生产了梯度材料[6]，复旦大学与中国科学院等对越王勾践剑进行无损检测发现：其主要成分是铜、锡及少量的铝、铁、镍、硫，剑的各部位铜锡比例不一致，形成了良好的成分梯度，剑脊含铜较多，韧性好，不易折断；刃部含锡高，硬度大，使剑非常锋利。花纹处含硫高，硫化铜可防锈蚀。另外，自然界中的木头、竹子、龟壳、牙齿等的组织都具有梯度分布特征，这种组织结构的梯度特性使其性能连续变化，因此可以避免由于性能突变而引起的不良界面问题[7]。

一般可通过一种或多种复合技术，将两种或多种材料复合成组分和结构呈连续变化的一种新型非均质复合材料即梯度材料；相比传统黏合均质叠层增强，梯度材料呈现出独特的优势[8-9]：（1）梯度材料表现为显微结构和组织组成沿厚度方向由一侧向另一侧呈现逐级变化；相应的功能或性能随内部位置的变化而变化。(2) 其内部可达到界面消失，可大幅减小或消除结合部位的性能不匹配，平滑了界面处的应力分布，减少应力集中；能够避免苛刻条件下使用时由于性能突变而诱发的不良效应。(3) 梯度材料主要优势可以连接两种材料，提高黏结强度，减小不同材料之间的残余应力和裂纹驱动力，相比均匀复合材料具有较高的断裂韧性。(4) 梯度材料是可集各种组分（如金属、陶瓷、纤维、聚合物等）的优点于一体的新型材料，其微观结构及物理、化学、生物等单一或综合性能都呈连续变化，可适应不同环境。

梯度材料的组合方式多种多样：金属/金属、金属/陶瓷、金属/非金属、陶瓷/陶瓷、陶瓷/金属和陶瓷/非金属等。众所周知，钢铁材料作为应用最为广泛的工程材料之一，具有较高的刚度、拉伸强度、塑性和断裂韧性，但其耐磨损和抗腐蚀性能较差，因而直接影响所制备机器构件的服役寿命，对整个工业影响重大。而陶瓷材料具有耐高温、抗磨损和耐腐蚀等一系列独特性能，是极具潜力的新型结构材料。因此，利用表面处理技术将钢材和陶瓷两者有机结合起来，使得零件表面增强体在一个方向上连续或逐级变化，如图 1-1 所示，而其他部位仍保持基体的结构和成分，由此可同时满足实际工况对零件强韧性和耐磨性等性能的

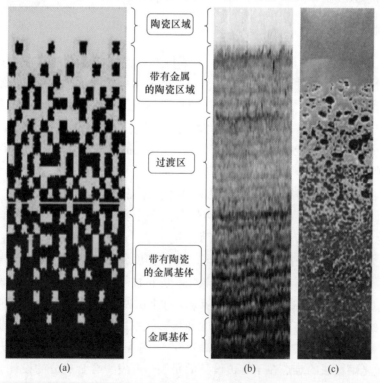

图 1-1　金属/陶瓷梯度变化的显微结构[12]

（a）梯度组织的示意图；（b）金属/陶瓷梯度组织放大照片；（c）金属/陶瓷梯度材料宏观照片

需要[10-12]，对实现钢铁材料的多功能化，有效增强传统钢铁的表面性能，延长构件使用寿命具有极高的工程实际价值。例如，刀具需要刃部坚硬，其他部位高强高韧；齿轮表面必须坚硬耐磨，轮体要求高韧；涡轮叶片主体必须高强、高韧和抗蠕变，而它的外表面必须耐热和抗氧化。金属/陶瓷构成的功能梯度材料可有效解决这些问题。另外，也可解决高温下使用工件的热应力问题，高温侧用耐热性好的陶瓷材料，低温侧用导热和强度好的金属材料。材料从陶瓷到金属，其耐热性逐渐降低，强度缓慢升高。热应力在材料两端小，在材料中部达到峰值，因此可有效地缓和热应力。

1.2 表面梯度增强层的制备方法

梯度材料的制备是其发展、应用的关键，决定着材料的显微结构、物相分布及制造成本等，并直接影响功能梯度材料的性能和推广应用。目前，梯度增强层的常用制备方法有激光熔覆法、离心铸造法、表面喷涂法、粉末冶金法和物理/化学气相沉积法等[13-16]。

1.2.1 激光熔覆法

激光熔覆（LSC）法[17]是以不同的填料方式将混合后的粉末通过喷嘴喷至被涂覆基体表面，通过调整激光功率、扫描速度和光斑尺寸加热粉体，使之和基体表面薄层同时熔化，从而在基体近表层形成熔池，在快速凝固条件下形成与基体冶金结合的表面增强层。上海交通大学激光制造与材料改性重点实验室[18-19]采用激光熔覆法在低碳钢表面涂覆厚度约为 0.6 mm 的非晶复合层，所得复合层组织呈现明显的梯度分布，其显微硬度及耐磨特性从表面到基体依次减小。吴涛等人[20]通过激光熔覆法在 2Cr13 不锈钢基体上制备出 WC/Co 复合涂层，涂层硬度（$HV_{0.1}$）最高可达 1200，该涂层可以分为 3 个反应区：熔化区、结合区及基材热影响区，且涂层与基体之间冶金结合良好。

LCS 法是通过调整混合粉体的组成，获得梯度分布的涂层，从而显著改善基体材料表面的耐磨、耐蚀、耐热、抗氧化及电特性等。但目前 LCS 法所面临的问题是：（1）制备所得熔覆层质量不稳定，由于制备过程中加热和冷却的速度极快，导致熔覆层和基体材料的温度梯度和热膨胀系数差异巨大，由此产生多种缺陷；（2）激光熔覆层的开裂敏感性极高；（3）制备工艺相对复杂，设备昂贵等。另外，激光熔覆法的难点在于熔覆设备的研制与开发、合金成分的设计、熔池中动力学研究、制备过程中裂纹的形成和扩展的控制方法及熔覆层与基体之间结合力的改善等。

1.2.2　离心铸造法

离心铸造技术是指在离心力场作用下，将密度不同的两相分离，固相偏聚并沉积于试样的一侧，凝固后形成梯度复合材料。王渠东等人[21]利用初生相 $FeAl_3$ 与液相之间的密度差及两相区温度间隔较大、液相线很陡的特点，采用离心铸造制备了初生 $FeAl_3$ 偏聚于管件外层且 $FeAl_3$ 含量由外向内呈梯度分布的铝铁复合管件。哈尔滨工业大学采用离心铸造已成功制备出 Al/Al_2O_3、SiC/Al_2O_3 梯度材料[22]。另外，刘昌明[23-25]和重庆大学李波等人[26]，针对传统铁质气缸套与铝合金气缸体匹配性差，长期使用导致漏油、漏气等问题，提出了一种离心铸造铝基梯度复合材料气缸套的新思路。其中，对 Si/Mg_2Si[23]自生增强铝硅基梯度功能复合材料的研究表明：增强层具有高硬度、高耐磨性和良好热稳定性的特点。

离心铸造技术是目前制造梯度材料的一种简便易行的新方法，其优点是可制备致密度高、尺寸大的梯度材料。但离心铸造制备梯度材料的前提条件是必须具备密度不同的固-液两相物质，因而较难制备高熔点的陶瓷系梯度材料。另外，该方法无法得到从一种纯物质向另一种纯物质连续变化的梯度材料。

1.2.3　等离子喷涂

等离子喷涂（PS）法是将粉末材料送入等离子体中或等离子射流中，使粉末颗粒在其中加速、熔化或部分熔化后，在冲击力的作用下，在基底上铺展并凝固形成层片，进而通过叠加形成涂层[27]。王富耻等人[28-29]采用此法已制备出 ZrO_2 和 NiCrAl 体积分数不等的 7 个梯度层，并研究了功能梯度热障涂层在瞬态热负荷下的破坏机理。Khor 等人[30]采用该方法制备出 YSZ/NiCoCrAlY 梯度材料，与双层材料相比，前者性能明显优异：梯度涂层的结合强度为 18 MPa，而双层涂层的仅为 9 MPa；另外，梯度涂层的热循环寿命是双层涂层的 6 倍之多。清华大学赵文华等人[31]在 2Cr13 基板上喷涂 NiCr 合金粉末制备了 $NiCr/ZrO_2$ 梯度复合层，并已用于飞机喷气发动机和相关材料的表面改性，测试表明：材料表面能承受 1100~1300 ℃ 的高温，内外侧温差达到 500~600 ℃，大幅提高了基体金属的隔热性和耐热疲劳性。

这种方法制备梯度复合层成本低、效率高、质量好、喷涂材料范围广，且适合形状复杂的表面梯度涂覆加工。但制备所得复合层疏松多孔，往往成为涂层失效的裂纹源。另外，最关键的问题是该方法需要对喷涂压力、喷射速度及颗粒粒度等多个参量严格控制，工艺过程较为复杂。

1.2.4　粉末冶金法

粉末冶金（PM）法[32]是制备梯度复合材料最常用的方法之一，分为薄膜叠层法、喷射沉积法、粉浆浇注法和浸渍法等。一般是先成型后烧结，可通过控制原料粉末的粒度、烧结温度、烧结时间等获得热应力缓和的梯度复合材料。喷射沉积可以直接得到金属与陶瓷粉末组成具有最佳梯度分布的预成型坯，然后经压制、烧结制得梯度复合材料，缓解了层与层间成分非连续变化的问题。此外，将不同配比的金属粉、陶瓷粉和黏结剂制成悬浮液，然后喷射到基底上，通过改变原粉料成分配比来控制喷射相的成分，最终也可获得梯度材料。吴林志等人[8,33-34]采用粉末冶金法制备了 NiCr/ZrO$_2$ 梯度复合材料，并研究了梯度材料特殊的断裂力学行为。该方法使用设备简单、易于操作、成本低，但是难以实现物料组分的连续变化。

1.2.5　物理/化学气相沉积法

物理气相沉积（PVD）法是采用离子镀或溅射或分子束外延等物理法使源物质蒸发在基体上沉积成膜，一般只用于制备薄膜梯度材料。化学气相沉积（CVD）法是将两种气相均质源输入反应器进行均匀混合，在热基板上发生化学反应并沉积在基板上。该方法的特点是通过调节原料气流量和压力来连续控制和改变金属/陶瓷的组成和结构。

CVD 法制备梯度复合层适合用于形状复杂的零件和沉积内壁、内孔等，但制备表面粗糙，且需要解决环境污染问题；PVD 法制备梯度复合层的优点是工艺无污染，可实现绿色制造，其缺点主要是加工成本高，工艺重复性不好且覆盖复杂零件能力差。

1.3　NbC、TaC 增强体的研究进展

增强体的选择要依据其密度、熔点、热稳定性等，除此之外，还应考虑增强相与基体之间的物性匹配、与液态金属之间的润湿，以及与基体材料之间的界面结合等因素。不同的增强相与基体材料组成的复合材料，组织结构及性能相差甚远，因此合理选择增强相和基体组合十分重要。理论上来讲，高硬度、高刚度、难熔的碳化物、氧化物、硼化物和氮化物等陶瓷材料均可用作增强相。但是，由于大多数陶瓷与铁基体的润湿性和热匹配问题导致实际上可以应用的并不多。例如，WC 比 Cr$_3$C$_2$ 硬度高，但在高温下 Cr$_3$C$_2$ 比 WC 稳定，因此，Cr$_3$C$_2$ 增强的复合材料主要用于抗高温磨损和腐蚀的部件，如涡轮机叶片、喷嘴、阀、隔板、火电站锅炉、轴承表面硬化等[35-36]；WC 增强的复合材料则适用于非高温环境下的磨料磨损、表面疲劳磨损及冲蚀磨损等场合[37]，如拉丝轮圈等；TiC 和 VC[38]则可显著增加基体的高温持久强度和抗蠕变性能等。值得一提的是，NbC 和 TaC作为第 V B 族过渡金属的碳化物[39-40]，不仅具有高硬度[41]、高模量[42]和良好

的抗磨损性能，高温性能稳定，抗酸碱腐蚀能力强，而且与铁基体之间润湿性良好。NbC 或 TaC 作为增强体的一些物理性能见表 1-2。

表 1-2 TaC 和 NbC 的部分物理性质[39]

物质	颜色（颗粒）	密度/g·cm⁻³	熔点/℃	热膨胀系数/K⁻¹	导热系数/W·(m·K)⁻¹	比热容/J·(kg·K)⁻¹	硬度/GPa	晶体结构	杨氏模量/GPa	泊松比
TaC	浅棕	14.5	3880	$6.6×10^{-6}$	22	0.19	24.5	FCC	285~560	0.24
NbC	绿色	7.79	3500	$6.9×10^{-6}$	30	0.35	23.5	FCC	338~580	0.21

1.3.1 TaC 增强层的制备、形成机制和性能的研究进展

1.3.1.1 TaC 增强层的制备研究

TaC 是由碳和金属钽形成的"间充性合金"，即体积较小的 C 原子占据金属原子 Ta 密堆积层的空隙形成的简单晶体结构。TaC 的晶体结构为 NaCl 型面心立方结构[43]，作为熔点最高的物质之一（3880~4000 ℃），密度为 14.5 g/cm³，硬度为15~19 GPa[44-45]，热膨胀系数为 $6.6×10^{-6}$ K⁻¹，难溶于无机酸，轻微溶于氢氟酸和硝酸的混合酸[46-48]。TaC 的超高硬度，在高温条件下也可与金刚石相比拟。另外，TaC 的抗氧化能力强，高温性能良好[49-50]。因此，以 TaC 作为增强层的喷气发动机涡轮叶片和火箭喷嘴的使用寿命显著提高；TaC 作为基体制成的硬质合金，具有很高的强度和抗压、耐磨、耐蚀性能，常用它制作刀具、钻头等[51-52]；作为增强相时，与铁基体具有良好的润湿性能。近些年来，许多科学家致力于 TaC 的制备研究，但是由于 TaC 的熔点高，制备形成高体积分数 TaC 增强层或块体较难。目前，文献报道的 TaC 制备方法主要有以下几种。

（1）化学气相法。Ali 等人[53-54]采用热丝–化学气相法在硅基体上沉积生成 TaC、C 和 Ta₂C 的复合膜，并对不同条件下复合薄膜的粗糙度、硬度等性能进行了研究，结果表明，组织中石墨含量越多，硬度越低。中南大学粉末冶金国家重点实验室[52,55-56]采用化学气相沉积工艺在碳纤维上沉积 TaC 薄膜，TaC 以涂层形式均匀致密地包覆在碳纤维周围，大大提高了 C/C 复合材料试样的强度和韧性。另有文献 [57] 研究了1373~1673 K 每间隔 100 K 制备涂层时，随着沉积温度的升高，TaC 颗粒尺寸增大，均匀程度下降，并分析得出在 1573 K 时所得 TaC 涂层结构致密无裂纹的结论。Long 等人[58]采用 CVD 法在 C/C 复合材料制备 TaC 涂层时，所得涂层为单相组织，形貌分析表明 1100 ℃和 1200 ℃下制备的涂层光滑无裂纹。姚栋嘉等人[59]采用包埋法和低压 CVD 法在 C/C 复合材料表面依次制备了 Ta₂O₅-TaC 内涂层和 SiC 外涂层，结果表明，采用两步法制得的 Ta₂O₅-TaC/SiC 复合涂层结构致密，该复合涂层有效提高了 C/C 复合材料的抗氧化和抗烧蚀性能。

这类方法主要是利用 C 还原 Ta 的氧化物或有机溶剂形成 TaC。由于 TaC 为高熔点物质,其形成必须是在高温下或超高温下,且气氛必须严格控制;另外,这类方法所得 TaC 层一般厚度较薄,仅为几十纳米至几微米。

(2) 化学液相浸渗法。李江鸿[60]以含 Ta 前驱体为浸渍剂,对坯体进行浸渍、固化和热处理使 Ta 的前驱体转化生成了 TaC,对其形成机理进行了深入研究。董志军等人[61]利用熔盐反应法在碳纤维表面成功地制备了 TaC 薄层,研究表明在 1000 ℃下保温 5 h 制备的 TaC 涂层连续、均匀致密,且与碳纤维基体的结合较好,有效提高了基体的氧化失重温度 (450 ℃→650 ℃)。

相华等人[62]采用化学液相浸渗法制备了 C/C-TaC 复合材料,通过研究各参数对材料密度、气孔率、物相组成、晶粒尺寸、微观结构等的影响,确定了液相浸渗和高温处理的最佳工艺参数,提出了 TaC 的生成机理为高温热处理过程中 Ta 的氧化物与 C 经过碳热还原并伴有 "扩散-团聚" 反应过程,是一种液相反应机制。当生成的 TaC 与 C/C 界面适宜,则可有效提高材料整体抗机械磨损和冲刷性能,从而大大提高材料的抗烧蚀性能。

(3) 等离子体烧结。叶枫和刘利盟等人[63-68]采用等离子体烧结工艺 (SPS),以 TaC 和 Ta 粉末为原料在 1650~1800 ℃加热保温 5 min 制备了化学成分为 $TaC_{0.7\sim1.0}$ 的碳化钽陶瓷材料,并研究了组织结构演变和烧结致密化原理。杨西亚等人[69]采用 SPS 在 800 ℃下烧结纯 Ti 粉和 TaC 粉得到了致密的 TaC/Ti 复合材料,当 TaC 的加入量为 5% 时,试样硬度大于 500 MPa,抗弯强度大于 600 MPa。

(4) 激光熔覆技术。晁明举课题组[70-71]利用激光熔覆技术在 A3 钢表面制备了 TaC/Ni60 增强层,其中 TaC 颗粒在 Ni 涂层中的弥散分布,使得 TaC/Ni60 激光熔覆层具有较高的硬度,与纯 Ni60 涂覆层相比,耐磨性提高了 4 倍,该层与基体呈现良好的冶金结合。

(5) 热压烧结法。高纯致密的块体 TaC 材料一般较难制备,这是由于其自身较高的共价结合及低自扩散系数决定的。因此,一般采用超高温热压烧结法来提高这类材料的致密度[72-73],在 2200~3000 ℃热压烧结可制备致密度为 90%~95% 的 TaC。Silvestroni 等人[74-77]以粒径为 100 nm 的 Ta_2O_5 (>99.9%) 粉和炭黑为原料在 1900 ℃采用热压烧结法制备 TaC 基陶瓷,致密度为 85%,其显微硬度 ($HV_{1.0}$) 为 11.14±0.77,断裂韧性为 2.60 MPa·$m^{1/2}$±0.17 MPa·$m^{1/2}$。

由于 TaC 强的共价-金属键导致其粉体很难烧结成型,且在烧结过程中,氧化物的存在会导致晶粒粗化,使得烧结均匀性差,另外在 TaC 中以 Co、Ni、NbC 为添加剂时,虽致密度提高,但硬度却大幅下降,因此,烧结温度、压力等系列条件是 TaC 热压烧结成型的关键[78]。

综上可知,TaC 的制备已经广泛应用于耐磨工件、切削工具及热障涂层[52]。

以上涉及的方法中，CVD 法[79-80]制备 TaC 增强层必须在超高温下进行，将含钽元素的混合气体与基体表面相互作用，使混合气体中的某些成分分解，才能在基体表面形成一种金属/陶瓷的固态薄膜或镀层。而其他制备工艺，如激光熔覆、金属蒸气真空弧植人等对设备要求较高，使得成本大幅提高。另外，从已有的研究成果中发现，TaC 颗粒以外加方式作为增强相时，在基体中容易出现团聚，导致颗粒分布不均，影响增强效果。

1.3.1.2 TaC 增强层形成机制的研究现状

TaC 形成机制的研究主要集中在化学法制备过程。闫志巧等人[81]通过热力学和动力学两个方面研究了 Ta-C 反应生成 TaC 的过程。其中，热力学计算发现 Ta 和 C 反应受动力学过程控制，反应初期易形成中间相 Ta_2C。动力学分析结果表明，Ta 和 C 反应符合缩核反应模型，C 的扩散为反应的控制步骤。具体过程为：C 向 Ta 中扩散形成间隙相，转变为 Ta_2C；当 C 足量或过量时形成 TaC。当以树脂炭和热解炭与 Ta 粉在高温 1800 ℃反应时，可制得晶粒细小、结晶度高的多边形状 TaC 颗粒所形成的致密层。另外，碳纤维和 Ta 粉在 230 ℃热处理时就发生了 C 向 Ta 中扩散而生成 TaC。研究表明：Ta 和 C 的反应与 C 含量和存在形式密切相关。同时，闫志巧[82]利用 Ta 的有机溶剂浸渍 C/C 复合材料，固化后于 1500 ℃、1800 ℃和 2000 ℃热处理，在热解炭表面上得到了颗粒尺寸细小、结晶度高，呈分散颗粒状或聚集成团簇的均匀分布的 TaC 层，分析表明，这 3 个温度下 TaC 颗粒无明显长大现象；1500 ℃时，Ta 可以全部转变为 TaC；另外，热力学计算表明，在该体系中 C 还原 Ta_2O_5 生成 TaC 的温度为 1109 ℃。

陈拥军等人[83]通过两种不同的原料体系在合适的工艺条件下成功制备出碳化钽（TaC_x）晶须。由 Ta_2O_5-NaCl-C-Ni 和 Ta_2O_5-NaFC-$C_{12}H_{22}O_{11}$ 体系制备的晶须呈平直的纤维形态，其生长机理为气–液–固（VLS）机制。由 Ta_2O_5-KCl-C-Ni 体系制备 TaC 的形成机制为：VLS 和 LS 两者的混合，前者的 TaC 呈四方柱状，后者时则呈现锥状柱体和"之"字形端部的特殊形貌。由此表明，TaC 的组织结构及形成机制与前驱体的选择密切相关。

陈为亮等人[84]对以 Ta 粉和石墨粉为原料制备 TaC 形成机制进行了研究。由于实际碳化温度范围内（1300~2100 ℃）Ta_2C 的标准形成自由焓比 TaC 小 52~57 kJ/mol，即碳化初期生成 Ta_2C 的趋势较大，由于是颗粒接触反应，C 向 Ta 颗粒扩散后，先在表面形成 Ta_2C 并向核心推进，随后 C 原子继续扩散，通过反应 $Ta_2C + C = 2TaC$ 使 TaC 层生成并向内扩散直至完全碳化，即 C 通过间隙向 Ta_2C 内部扩散，并表明不可能是 Ta 向 C 颗粒内部扩散。对机理的研究表明，真空下 Ta 粉的碳化率随温度的升高和时间的延长而提高。反应初期为化学反应动力学过程，而碳化过程为缩核反应，在 1500 ~ 1700 ℃之间，碳化反应活力为 195.2 kJ/mol，表观扩散活化能为 138.1 kJ/mol。

董远达等人[85]以纯 Ta 粉和 C 粉为原料，通过机械化学反应制备了纳米结构 TaC，尺寸约为 10 nm 的纳米晶粒组成的球状粉末。这种机械合金化方法就是充分利用球磨引入的大量纳米界面和高密度缺陷对合成的促进作用，分析认为 Ta 和 C 的化合过程不是先形成固溶体，而是通过纳米尺度的界面反应在室温下的互扩散直接形成化合物。

以上是对 TaC 的生长机制进行的部分研究，但是缺乏对 TaC 生长动力学的充分研究和对生长机制的细致解释。关于反应动力学机制主要有 3 种学说：一是固态下的扩散—反应理论；二是溶解—析出理论；三是溶解—析出—破裂理论，但主要还是定性的分析方法来解释反应机理，甚少涉及定量分析。

1.3.1.3　性能和应用研究现状

叶枫和刘利盟等人[63-65,67]对 SPS 烧结制备的 $TaC_{0.7~1.0}$ 的 TaC 陶瓷材料的力学性能进行了对比研究，结果表明，1650 ℃烧结所得 $TaC_{0.7}$ 呈现较高抗弯强度（1017 MPa）和断裂韧性（14.1 MPa·$m^{1/2}$），增韧机制主要表现为界面脱胶，裂纹偏转，晶粒桥接和片状 $\zeta\text{-}Ta_4C_{3-x}$ 的拔出。在不同摩尔比的 TaC 和 Ta 粉料中添加体积分数为 5%~40% 的 SiC[68]，制备可得 TaC/SiC、$TaC_{0.7}$/SiC 及 $TaC_{0.5}$/SiC 复相陶瓷，研究表明：随 SiC 用量从 5% 增加到 40%，TaC 晶粒尺寸减小，相对密度从 93.7% 提高至 98.7%。其中含 5% SiC 的复合材料强度和韧性最高，分别为 714 MPa 和 12.6 MPa·$m^{1/2}$。另外，他们在 1900 ℃等离子体烧结[66]制备所得 TaC-20% SiC 复合材料表现出良好的力学性能，其显微硬度、杨氏模量、弯曲强度和断裂韧性分别为 20.3 GPa、537 GPa、715 MPa 和 6.7 MPa·$m^{1/2}$。

在 TaC 中添加 Co、Ni 和 NbC 等添加剂可有效提高其致密度[77]，但其硬度将大幅下降。烧结压力为 30 GPa，温度为 1100 ℃时，可得纳米结构纯 TaC 烧结体，其致密度为 93%，硬度为 16.5 GPa±0.5 GPa；同样条件下，添加 5% 的 Co 时，致密度提高到 96%，而硬度仅为 11.4 GPa±0.8 GPa。利用断裂韧性与硬度和杨氏模量之间的关系计算得出 TaC-5% Co（质量分数）的 K_C 值为 5.0 MPa·$m^{1/2}$±0.2 MPa·$m^{1/2}$。

青海大学陈海花等人[86]利用六面顶压技术实现了纳米结构 TaC 粉体的高温高压烧结。研究表明：加载为 29.4N，烧结压力为 3 GPa，温度为 1100 ℃和 1300 ℃时，纳米结构 TaC 烧结体的硬度分别为 16.5 GPa±0.5 GPa 和 17.2 GPa±0.4 GPa；当温度不变，烧结压力提升至 4 GPa 时，硬度分别为 17.3 GPa±0.3 GPa 和 19.2 GPa±0.64 GPa。

1.3.2　NbC 增强层的制备、形成机制和性能的研究进展

Nb 作为强碳化物形成元素，所形成的 NbC 立方结晶，有金属光泽，属 NaCl 型立方晶系，弹性模量为 338~580 GPa，显微硬度大于 23.5 GPa，比刚玉还硬。

NbC 的线膨胀系数 6.65×10^{-6} K^{-1}，与一般铸铁（$9.2 \times 10^{-6} \sim 11.8 \times 10^{-6}$ K^{-1}）的热膨胀系数相当。NbC 的密度为 7.79 g/cm^3，而 Fe 的密度为 7.87 g/cm^3，二者的密度接近，因此在制备 NbC 陶瓷涂层时，NbC 陶瓷颗粒不会在铁液中上浮或下沉，易于原位形成致密的 NbC 层。NbC 熔点为 3500 ℃，具有良好的高温稳定性，此外，NbC 不溶于冷热盐酸、硫酸、硝酸，仅溶于热的氢氟酸和硝酸的混合溶液，物理及化学性能稳定[87-89]。

1.3.2.1 NbC 的制备及研究现状

A 热反应沉积法

Miyake 等人[88]利用气相沉积法，在石墨基底上沉淀制备铌的碳化物涂层，当温度低于 1300 ℃时得到的是 Nb+Nb_2C 和 Nb_2C+NbC 的多层涂层，只有当温度高于 1300 ℃时才可获得单相的 NbC 层。在 900~1000 ℃退火 10 h，Nb_2C 相便可全部转变成 NbC 单相，这是由于 C 原子的充分扩散填充作用。所制备 NbC 单相涂层最厚为 45 μm。另外，在对其涂层形成机制的研究中发现，碳化物层的生长速率比在块体 Nb 中快，且涂层的生长遵循抛物线规律。

Casteletti[88-89]研究小组采用盐浴热反应沉积法（TRD）于不同钢基体上制备 NbC 涂层。将 AISIM2 钢和 AISIH13 钢作为基体[89]，在含有熔融铌铁和铝的硼砂中加热至 1000 ℃保温 4 h，得到了层厚分别为 9.0 μm±0.3 μm 和 6.2 μm±0.2 μm 的 NbC 涂层。分析表明：层厚的差异是由于 AISIM2（C 的质量分数为 0.81%）钢中的含碳量高于 AISIH13 钢（C 的质量分数为 0.39%）；XRD 结果分析可知，涂层中生成物都为 NbC 相，并无其他杂相生成。在 AISI52100 轴承钢[89]表面 TRD 过程中发现：C 原子通过间隙扩散，由基体内部迁移到达表面，与溶解在盐浴中的 Nb 原子发生化学反应生成 NbC 依附在基体表面；热力学计算表明，NbC 的生成吉布斯自由能小于生成氧化物的吉布斯自由能，因而并未出现铌的氧化物。

Sen 等人[90]将基体分别于 1073 K、1173 K 和 1273 K 下盐浴保温 1~4 h 进行多组实验，经过动力学拟合表明，涂层厚度与热处理时间呈抛物线关系，符合经典动力学理论；在此基础上估算了铌的碳化物层的生长激活能为 91.257 kJ/mol；生长速率常数为 $2.1088 \times 10^{-11} \sim 1.0311 \times 10^{-10}$ cm^2/s，并建立了反应层厚度与温度和时间的函数关系。

Mesquita[42]采用物理气相沉淀法，通过改变电压和压力在工具钢表面制备出致密结构的 NbC+$NbC_{0.6}N_{0.4}$ 涂层。NbC 晶粒尺寸随电压和压力增加而减小；相同电压条件下，涂层内 NbC 晶粒尺寸随着压力增加而减小；在 70V、0.67 GPa 获得最小晶粒尺寸为 1.1 nm；在不断优化工艺参数下，涂层的孔隙率减小；硬度和弹性模量值分别达到 37 GPa 和 400 GPa。但所形成的涂层与基体结合强度低，工艺重复性差。

B 磁控溅射制备

Barzilai[41,91-92]研究小组通过磁控溅射技术在石墨基体上沉积铌金属并经过热处理得到 NbC。在 1100~1800 ℃温度范围内热处理 0.5~3 h 获得的 NbC 层厚为 6~7 μm。在研究基体电压（V_b）负偏差对形成 NbC 层的影响时表明：当电压处于中段 50~80 V 时，涂层的组织呈连续的亚柱状晶，退火后转变为致密的 NbC 层，且硬度值较高。热处理温度不同，有中间过渡相 Nb_2C 出现。另外，在 1073~2073 K 和 10~480 min 条件下进行多组实验后，结合经典生长动力学理论计算出了不同温度下 NbC 涂层的生长速率常数 K，并将得到的 Nb_2C 和 NbC 生长速率常数进行拟合估算得出了各自的激活能 Q 分别为 190 kJ/mol 和 164 kJ/mol[92]。基于以上结果，假设了互扩散系数不依赖于浓度，由此建立了碳进入 Nb_2C 层和 NbC 层的互扩散系数与温度的函数关系。

Zoita 等人[93]利用磁控溅射法制备了厚度为 25.3 nm 的 NbC 涂层，主要研究了不同富碳气流下 NbC 涂层的形态特征和光学特性；另外发现碳化物形成过程中有 Nb_2C 的形成，分析解释为 C 原子含量较少的缘故。吉林大学张凯等人[94]在利用磁控溅射制备 NbC 薄膜过程中发现：Nb_2C 向 NbC 的转变明显，尤其当含碳量由 32.7%增加到 41.8%时，薄膜中压应力呈现轻微减小趋势，这是六方结构 Nb_2C 向立方结构 NbC 转变时释放了压应力导致的。目前，磁控溅射法制备 NbC 层所面临的最大问题是 NbC 层的密度、形态和结构受偏压影响较大。偏压较小时 NbC 呈现多孔状；偏压较大时，其密度增大，但呈现脆性断裂。随着偏压的改变，其显微硬度变化幅度较大，为 6~13 GPa，碳化物层和基体的结合强度约为 9 MPa。

C 激光熔覆

Li[95]利用激光熔覆法在模具钢表面原位制备了 Fe-NbC 复合涂层，研究了 NbC 颗粒形成过程中的两种机制：一种是铌铁颗粒完全溶解，Nb 溶解在熔池中与固态的石墨反应生成 NbC，随后在凝固过程中沉淀析出；另一种是铌铁颗粒表面的 Nb 元素直接与周围的石墨反应。并通过 NbC-Fe 的二元相图中对这两种可能机制进行了验证：由于铁基体、铌铁合金和石墨的熔点分别是 1250 ℃、1576 ℃和3400 ℃；从 NbC-Fe 的二元相图可以看出存在一个很人的相区，液态金属铁和固态 NbC 两相以半固态的形式存在（NbC 含量为 20%），表明即使熔池温度低于 Nb-Fe 合金的熔点，NbC 的形核和长大也会有充分的时间。

D 其他

成来飞等人[96-97]以 NbCl 和 H_2 作为反应气体，通过 CVD 法在低压下分别于石墨和 SiC 基体上沉淀制备了 NbC 层，研究了温度对铌涂层的形貌、结构、沉积率的影响，发现在 1250 ℃和 1300 ℃时 NbC 和 Nb_2C 相共存。

Yazovskik 等人[98]利用磁脉冲压缩机械球磨合成 Fe 和 Nb 的混合粉而制得了

Fe-NbC 纳米复合材料，并对其形成过程和性能进行了研究。XRD 物相检测表明其为复杂的非晶态相（Fe + NbC + Fe$_3$C），Fe-NbC 纳米复合材料显微硬度为 12 GPa。在形成机制研究中表明：NbC 的形成焓（ΔH_{NbC} = 22.6 kJ/mol）比渗碳体的小得多（ΔH_{Fe_3C} = 140.7 kJ/mol）。当所有自由 Nb 原子完全形成 NbC 后，Fe 才会和 C 原子结合形成 Fe$_3$C，从而可知，C 和 Nb 的结合力远远大于 Fe 和 C 的结合力。

文献［99］中表明热反应沉积法涂覆 NbC 过程与传统的渗 C、N、B 及 PVD、CVD 等表面强化过程有着很大的差别。渗 C、B、N 等非金属原子是依靠外界提供向钢基体扩散，与基体中的金属原子（如 Fe、Cr 等）形成碳化物、间隙相或间隙化合物以强化钢表面。PVD、CVD 则是依靠金属或其化合物（一般为氧化物）等气相反应在钢表面沉积生成一种强化层。实验结果分析可知，涂覆 NbC 的过程如下：起初钢件表层固溶的碳原子向外扩散与液体熔盐中吸附在其表面的金属 Nb 原子结合为 NbC，随着时间的增加，即在钢件表面形成薄的 NbC 层。另外，实验发现 NbC 与基体交界处有少量互扩散存在。

文献［100］报道：在相同条件下，基体不同时增强层厚度差异较大。以 NbC 为增强相所得基体表面的增强层厚度关系为：T10A > Cr12 > Cr12MoV > LD1，这是因为这几种钢中的实际含碳量差异造成的，含碳量越高，一般情况下形成 NbC 层的厚度就大，而 LD1 几乎不能形成 NbC，这是由于该种钢中 C 含量极低。另外，钢中合金元素会降低钢中的实际含碳量，影响 C 原子在奥氏体晶粒中的扩散速度。所以，提高碳在奥氏体中扩散速度的元素及方法，均有利于 NbC 的形成。基体中的含碳量在 0.4% 以上就可以形成有效的 NbC 层。这样的研究同样适用于 TaC 增强层对基体的选择。

Hin 等人[101]基于控制运动路径的原子析出机制，提出了 NbC 在 a-Fe 晶界上析出的动力学模型，并模拟了实际中的原子扩散机制，即 C 原子通过间隙跳跃而快速扩散，Fe 原子和 Nb 原子通过空位迁移而缓慢扩散；并通过一个简单的晶界模型呈现了 C 原子和 Nb 原子平衡偏析特性；另外，依据析出的条件，模拟实验预测了不同动力学的表现形式，包括初始原子在晶界上的偏析，亚稳态碳短暂沉积，以及均匀和非均匀的 NbC 析出。

1.3.2.2　NbC 增强层的力学性能研究

Orjuelag[102]从原材料中 NbFe 含量对涂层耐蚀特性影响的研究中推测，由于 NbC 陶瓷呈现高的介电强度，易于形成惰性表面对基体保护良好；在对于不同铌铁含量下制备的厚度为 12.95 μm ± 0.8 μm、12.86 μm ± 1.0 μm、10.88 μm ± 0.9 μm 和 12.25 μm ± 0.6 μm 的 NbC 涂层的刻划性能的研究表明：其主要变形破坏机制为塑性变形和少量的脆性断裂。且 L_C 都出现在高载荷区域，依次为 66.7 N、66.3 N、66.4 N 和 63.3 N，表明 NbC 涂层与基体有较高的结合强度。

同时，Orjuelag[103]在 D2 钢基体表面制备了一系列不同厚度的 NbC 涂层，刻划实验表明，随着原材料中 Nb 粉的减少，L_C 分别为 67.25 N、72.5 N、61.25 N 和 76.5 N，其中最高临界载荷为 76.5 N，与 AISI1045 钢基体表面的 NbC 涂层的结合强度测试结果相比略有提高，表明涂层的显微结构及基体差异对 L_C 都有影响。

Sen[104-105]通过调整 TRD 的热处理参数后，在 AISI1040 钢表面制备出的涂层厚度由 3.4 μm 增加到 12 μm，显微硬度（HV）值约为 1792；在干摩擦条件下 AISI1040 基体和 NbC 涂层的平均摩擦系数分别为 0.5 和 0.3，磨损率的变化范围分别为 $4.47 \times 10^{-5} \sim 4.29 \times 10^{-4}$ mm³/（N·m）和 $4.37 \times 10^{-7} \sim 3.55 \times 10^{-5}$ mm³/（N·m），表明硬质 NbC 涂层的磨损率小于基体，显著提高了材料表面耐磨性。同时，对 NbC 涂层的干磨损实验研究发现：NbC 层磨损面光滑，仅有少许犁沟出现[105]。分析认为，光滑的磨面是由于磨球旋转与涂层面接触产生，而犁沟可能是磨损脱落的 NbC 硬质颗粒参与再磨损产生。Casteletti[89]制备 NbC 涂层，并研究了加载分别为 6.65 N、14.59 N 和 18.26 N 的干摩擦条件下，基体和涂层的磨损体积随载荷增加而增加；同等条件下基体 AISI52100 轴承钢的磨损率是 NbC 涂层的约 10 倍。

Colaço 等人[106-107]采用激光熔覆技术制备的 Fe-Cr-C/NbC 复合材料的磨损实验表明：耐磨性随着增强相 NbC 体积分数增加而增大，但当 NbC 体积分数为 20%～30%时，磨损量没有发生变化。实验所得结果与理论模型相一致。钱华丽[108]在 A3 钢表面激光熔覆制备 NbC-VC/Ni 增强层的摩擦实验结果表明，相比纯 Ni60 熔覆层，NbC-VC/Ni 熔覆层硬度较高，且耐磨性较基体提高了近 2 倍；其磨损机制为硬质相的 NbC 和 VC 颗粒有效阻碍磨偶件微凸体刺入而产生的显微犁削，且在磨损过程中增强颗粒可与基体一起协同变形，抑制了脱落现象。王根保[109]利用液相 PVD 在钢基表面制得 NbC、VC 覆层后，在同等销/盘滑动磨损试验条件下，获得了涂层工作寿命期间的磨损数据，发现碳化物层磨损抗力是淬火钢的 6～11 倍。

1.4　表面梯度增强层的研究趋势与展望

利用表面处理技术将钢铁和陶瓷两者有机结合起来，制备钢铁基体表层增强层，可大幅提高钢铁构件的表面抗磨损、抗腐蚀和耐高温等性能，从而延长构件使用寿命，具有极高的工程应用价值。然而，目前钢铁表面陶瓷增强的实现仍存在着一些典型问题：（1）制备方法大多是在已成型工件表面进行二次加工，无形中会额外消耗能源，甚至引起工件变形；（2）表面增强层厚度有限，满足不了苛刻工况要求；（3）急热急冷的工艺条件下，容易产生界面问题——应力分布不均匀/结合界面易出现裂纹，或气孔缺陷等问题。因此制备方法或工艺的改善和调整是一个亟待解决的问题。

陶瓷增强的钢铁表面固然具有高硬度、高耐磨、抗腐蚀，以及优异的化学稳定性和高温力学性能等优点；但传统大颗粒陶瓷在提高基体表面硬度的同时会使表面塑性、韧性降低，制约其在更多场合的发展应用；传统增强中增强层或增强体与基体难以实现冶金结合，与基体的黏着强度有限，使得工件性能的提高空间受到限制；且陶瓷相体积分数较低，偏聚现象严重，无法制备出高体积分数增强层，使得表面性能的提高受限等。

目前，一定厚度的 TaC 和 NbC 增强层的制备大多是在高温或高压下制备的，实现过程复杂，条件苛刻。由于 TaC 和 NbC 都为高熔点碳化物，制备形成块体或高体积分数 TaC 或 NbC 较难。TaC 的制备大多为化学法制备形成，容易出现 TaC 晶粒的异常长大现象；以粉末烧结制备，组织偏聚现象严重，因此会导致组织和性能难以协调。

鉴于以上问题，本书充分利用原位反应的优势，采用钽、铌薄板/基体-原位反应法实现铁基表面 TaC、NbC 增强层。其优势表现在：增强相是从金属基体中原位形核、长大的热力学稳定相，增强体表面无污染；可有效控制增强体的种类、大小、分布和数量；与金属基体浸润性好，避免了与基体相容性不良的问题，且界面结合强度高；制备工艺相对简单，过程可控。即 TaC、NbC 在基体内反应生成，具有尺寸小、界面洁净无污染、热稳定性及与基体界面相容性好等特征。在钢铁表面制备，尤其是微纳米、纳米结构陶瓷增强层，既可对基体起到极强的保护作用，同时又使得表面陶瓷的韧性提高。与传统结构陶瓷相比，纳米结构陶瓷由于晶粒的细化，其界面结合强度、断裂韧性等力学性能大幅提高。另外，利用梯度结构中晶粒的逐渐增大及体积分数的梯度改变，可使裂纹扩展方式和方向不同，在梯度层中不同区域中裂纹易发生偏转，从而提高断裂韧性，通过表面形成微纳米结构陶瓷和梯度结构改善陶瓷塑性和韧性，使得铁基表面陶瓷增强层的综合性能大幅提高。

2 原位制备钢铁基表面梯度增强层的组织和结构设计

2.1 基体选择

增强层的组织结构与原材料的选择及制备方法密切相关。本书中以高纯钽和铌金属薄板材和可提供碳源的灰铁基体作为原料，利用金属钽和铌与 C 原子之间较高的结合力，实现 TaC 或 NbC 为增强相的铁基表面增强。

目前工业中常用的经济金属基体有：45 钢、20 钢、HT300 等系列铁合金、抗磨铸铁及高锰钢等。不同的工况条件，对使用性能要求不同。通常是根据工作温度、耐磨性能、韧性、强度等的不同要求选择不同的钢铁基体。以 HT300 为基体，充分提供原位反应过程中所需的 C 原子，其化学成分为$Fe-2.57C-1.03Si-1.04Mn-0.046P-0.018S$。

由于钽和铌都为强碳化物形成元素，因此只要基体能够提供充足 C 原子，在合适的制备工艺下即可形成碳化物增强体。以高纯钽板和铌板为原材料，提供原位反应过程中所需的 Ta 原子和 Nb 原子，所用板材分为两种规格：10 mm×10 mm×2 mm 和 10 mm×10 mm×0.5 mm。原材料的牌号和成分组成见表 2-1。

表 2-1 实验原材料 HT300 和钽（铌）板的化学成分（质量分数）（%）

材料	C	Si	Mn	P	S	Fe	Al	Cu	Ta
HT300	2.57	1.03	1.04	0.046	0.018	余量	—	—	—
Ta 板	—	0.06	0.03	—	—	—	0.06	0.03	余量
Nb 板	—	—	0.03	—	0.06	0.15	0.06	0.03	余量

2.2 增强层的制备

试样的制备主要包括两大步骤：（1）灰铸铁基体与钽或铌薄板的浇铸复合；（2）对浇铸所得复合体进行保温热处理。在第一步浇铸复合时：首先，对高纯金属板材进行金相砂纸逐级打磨以去除表面杂质与氧化层，再超声清洗；然后将处理好的板材固定在石墨坩埚底部，用中频感应炉将灰铸铁加热到 1400 ℃熔化后浇注到坩埚中，使灰铸铁基体与金属板初步复合，脱型清理后得到板/基体复合试样，浇铸复合过程如图 2-1 （a）~（c）所示。第二步为原位反应热处理：用电火花将板/基体复合试样切成 10 mm×10 mm×12 mm 大小，用耐火纸或石墨纸包好后放入石墨坩埚中，最后将装有板/基体复合试样的坩埚放入 GSL-1400X 管式电阻炉石英管内热处理，在惰性气体保护或真空环境中，选择适当的温度和时间对预复合体进行热处理。热处理过程中，高纯板中的金属原子将会与碳发生反应生成碳化物，从而实现铁基表面碳化物增强层的原位制备。经过大量实验发现，金属板和固态基体去除氧化皮后的直接接触，在石墨纸或耐火纸的包覆下加热保温也可形成增强层，即仅通过图 2-1 （d）~（f）这三个过程就可以实现铁基表面增强层的制备。

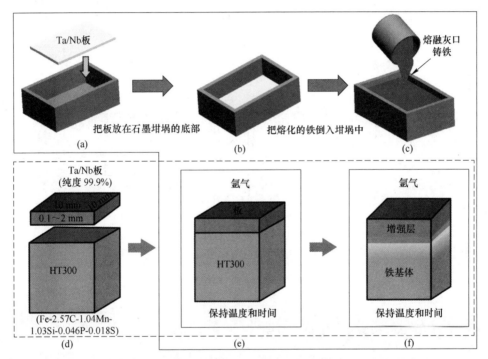

图 2-1 Ta(Nb)/Fe 复合预制体的浇铸过程示意图以及原位热处理过程示意图
(a)~(c) 浇铸复合过程示意图；(d)~(f) 铁基表面增强层的制备过程示意图

2.2.1 Fe-C-Ta 体系反应温度的确定

为了准确测试系统中的反应温度，将金属板材和基体线切割成 ϕ4 mm×1 mm 的小圆片。将基体和板材依次放入 Al_2O_3 坩埚中，采用示差扫描量热（DSC）（STA-449F3，NETZSCH）综合热分析仪测试加热条件过程中示差扫描量热曲线随温度的变化规律。该过程中采用氩气保护，气流速度为 140 mL/min。DSC 的测试方案为由室温以 10 ℃/min 的速率升温至 1400 ℃。

Fe-C-Ta 体系中 DSC 曲线如图 2-2 所示，其中出现了 3 个吸热峰和两个放热峰。第一组是从 770 ℃ 开始到 850 ℃，由波浪状的连续小峰形成宽的吸热峰，即低温形态双向固-固转变[110]，具体是指大量单独的铁素体的同素异构转变 α-Fe→γ-Fe。第二组是一个伴随着合成放热的吸热峰，开始于 1050 ℃ 的吸热峰对应于这个温度下钽板和基体之间小熔池的形成，以及少量原子的扩散；伴随着这个扩散吸热的放热峰则是周围固态石墨溶解的 C 原子与 Ta 原子少量合成[111]。起始于 1150 ℃ 的（最大值为 1172 ℃）吸热峰则对应铁基体的熔化过程，即体系中的共晶反应 $L \rightleftharpoons G+\gamma\text{-Fe}$[112]。然而，当铁基体在 1172 ℃ 时，钽板仍为固态。这时，固态和液态之间的强烈相互作用使得 Ta 原子部分溶解于熔融的铁基体中；此时，钽原子的溶解及石墨的完全沉淀析出，促使钽的碳化物大量合成。

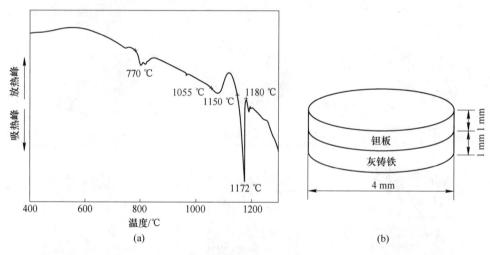

图 2-2　Fe-C-Ta 体系的差热分析曲线（a）及 DSC 实验的示意图（b）

2.2.2　Fe-C-Nb 体系反应温度的确定

Fe-C-Nb 体系 400~1400 ℃ 的升温 DSC 曲线如图 2-3 所示，与 Fe-C-Ta 体系中 DSC 曲线趋势基本一致。1150~1172 ℃ 达到最大吸热峰，即铁基体的熔化过程，对应体系中的共晶反应 $L \rightleftharpoons G+\gamma\text{-Fe}$。在超过共晶温度后继续升温铁基体完全熔化，液-固态金属之间存在着极大的浓度不平衡，在浓度梯度驱动力的作用下，发生固相 Nb 板和液相基体之间的相互作用，即液相中某些原子向 Nb 板中的扩散和 Nb 板向基体中的溶解。此外，Nb 作为强碳化形成元素，与 C 强大的结合力促使 Nb 的碳化物形成，这也就是 1180 ℃ 处尖锐的合成放热峰出现的原因。

事实上反应体系中金属的扩散低于该物质的熔点。这一温度就是体系内部开

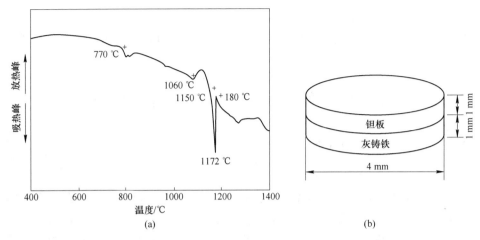

图 2-3　Fe-C-Nb 体系的差热分析曲线（a）及 DSC 实验的示意图（b）

始呈现明显扩散的泰曼温度；不同物质的泰曼温度与其熔点（T_M）间存在一定的关系，金属一般为（$0.3 \sim 0.4$）T_M。金属 Ta 和 Nb 的熔点分别为 2996 ℃和 2468 ℃[113]，则 Ta 开始扩散的温度仅为（$0.3 \sim 0.4$）T_M，即在 900 ℃左右时就有部分 Ta 原子开始扩散。作为强碳化物形成元素，由于 Ta 原子和 C 原子之间强大的结合力，促使 Ta 原子和 C 原子反应重组形成 TaC。而这类反应大多发生在钽板和基体接触界面的某些活性点。Nb 的熔点也远高于体系的反应温度范围，即体系所涉及反应都为固相反应。这是由于凡是有固相参与的化学反应都可称为固相反应。固相反应与一般气、液反应相比，在反应机构、反应速度等方面有自己的特点：与大多数气、液反应不同，固相反应属于非均相反应。因此参与反应的固相相互接触是反应物间发生化学作用和物质输送的先决条件。而泰曼温度下的体系中，金属 Ta 或 Nb 原子的扩散有限。

在固态反应中，由于反应物之间的这种有限接触，将导致扩散所需能量激活能过高，使得原位反应扩散过程较慢。研究表明，当体系中有液相存在时，熔融的液相可充当载体传热传质，使元素之间的反应合成增强相变得相对容易，使原位反应得以顺利进行。根据固相反应基本原理可知：在金属的泰曼温度（$0.3 \sim 0.4$）T_M 附近，即在 900~1200 ℃范围内，Ta 元素开始扩散。对于 Fe-C-Ta 体系，若要制备 TaC-Fe 梯度复合增强层，温度应选择在共晶温度点及其以上温度，这不仅有利于石墨的沉淀析出，有效保持基体的一致性，而且可充分发挥熔融 Fe 基体的传质作用，使得增强层中梯度效果更加明显。而在 900~1172 ℃可以实现 HVF 微纳米结构 TaC 增强层的制备并可通过抑制碳化物的扩散来形成高体积分数增强层。金属 Nb 的泰曼温度最低点为 740 ℃，则 Fe-C-Nb 体系在 740~1172 ℃可实现 HVF 微纳米结构 NbC 增强层的制备。由此可知，对于体系反应温度的选择至关重要。本书涉及两种反应情况：有液相基体存在的扩散反应和纯固态之间的扩散反应，以制备两种不同形式的增强层，即通过调整反应温度实现两种反应方式：固-固反应和固-液反应，从而控制体系中的扩散。

2.3　组织形貌的表征和物相结构的分析

2.3.1　组织形貌与物相分析

2.3.1.1　扫描电子显微镜

采用扫描电子显微镜（SEM）对铁基表面 TaC、NbC 增强层表面及横截面组织进行表征。在 SEM 观测增强层组织形貌前，首先确定所需观测的位置——表面和横截面：在砂轮机上预磨后，用金相砂纸从粗到细进行研磨，再于抛光机上机械抛光至金相镜面；最后用 4% 的硝酸酒精溶液对试样进行腐蚀，以待进行显微组织观察。所用扫描电镜为日本电子的 JSM-6360 型和 Zeiss Merlin Compact，主要对材料样品的微观形貌（二次电子像 SEI）、原子序数像（背散射像 BSE）等进行观察，并利用所配备的能谱分析仪（EDS）对材料成分和元素分布状态进行分析。

2.3.1.2　透射电子显微镜

A　透射样品的前期制备及相关辅助设备

传统制样：（1）所需观测区域线切割成约 0.5 mm 的薄片，依次用 400～2000 号砂纸将薄片磨至 60 μm 以下；（2）利用美国 FISCHIONE 公司 170 型超声波切片机切割或机械冲孔机，得到 ϕ3 mm 的样品圆片；（3）利用美国 FISCHIONE 公司的 200 型凹坑仪对圆薄片进行中心凹坑；（4）利用美国 FISCHIONE 1010 型离子减薄仪对凹坑位置进行离子减薄至穿孔，得到边缘薄区，以待透射观测。

聚焦离子束（focused ion beam，FIB）主要用于定点提取界面处的样品，由于陶瓷颗粒与金属基体硬度差异较大，传统切割磨取 TEM 样品使得界面处应力较大，造成界面分离；传统的磨片方式只能随机取出某个区域，界面所涉及区域比较窄小。利用传统制样很难成功制备界面样品。利用聚焦离子束的加工模式，能很好解决界面制样问题——设定目标区域，从而快速定点加工获取。

B　透射电子显微镜的选用

透射电子显微镜（TEM）主要由电子光学系统、电源与控制系统、真空系统 3 部分组成，是一种高分辨率、高放大倍数的显微镜，其分辨率为 0.1～0.2 nm，放大倍数为几万倍到几十万倍，是研究材料的一种重要手段，能够提供纳米级材料的组织结构、晶体结构及化学成分等方面的信息。由于 HVF 微纳米结构 TaC（NbC）增强层导电性较弱，扫描电镜无法清晰地表征出颗粒的微观形貌，故利用日本电子的 JEM-3010 和美国 FEI 生产的型号为 Tecnia G^2 F20 的场发射高分辨透射电子显微镜表征增强层的组织形貌与晶体结构同位分析。利用选区电子衍射（selected area electron diffraction，SAED）得到所选区域的电子衍射花样，从而确定物相结构。

2.3.1.3 X 射线衍射仪

X 射线衍射仪（XRD-7000）的扫描方式包括连续或步进扫描方式，θ_s-θ_d 联动或 θ_s、θ_d 单动方式，最小步进角度 θ 为 0.0001°。主要用于进行定性或定量的成分分析。采用 Pcpdfwin 结合 PDF2000 数据库查询材料中所有可能相的 PDF 卡片，在衍射分析软件 Jade 上完成衍射图中衍射峰的标定，完成材料的相分析。为保证 X 衍射结果的可靠性，每次用于物相检测的试样尺寸为 4 mm×4 mm×6 mm。

2.3.2 碳化物体积分数的测量

增强层中碳化物颗粒含量、分布特性和颗粒大小等与其力学性能密切相关。为了对增强层的力学性能进行准确分析，精确计量增强颗粒所占的体积分数显得尤为重要。本书采用 Image-Pro Plus 6.0 软件对增强层目标截面的 SEM 照片进行分析，通过颗粒与基体之间的对比度，测量出 SEM 照片中增强颗粒数量、面积，进而推算出增强颗粒在金相图片中所占面积的百分比。对于由增强体和基体两种物质组成的这种复合增强层而言，碳化物的颗粒所占面积的百分比即为颗粒的体积分数。

具体步骤如下：（1）选定目标区域：选择某一区域的 SEM 照片，如图 2-4（a）所示，为 TaC 梯度复合增强层中颗粒分散区域的组织。（2）图像处理：利用

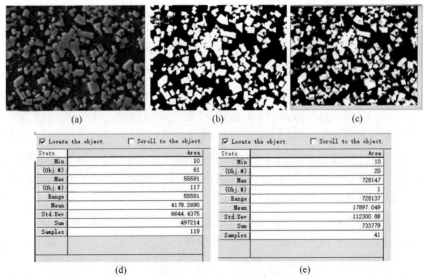

图 2-4 增强层中碳化物体积分数的测量

（a TaC-Fe 梯度增强层中 TaC 陶瓷颗粒弥散分布的 SEM 照片；（b）经过 Adobe Photoshop CS3 处理过的照片；（c）通过 Image Pro Plus 6.0 对处理过照片中的颗粒进行统计；（d）（e）统计结果

Adobe Photoshop CS3 对所选图片进行处理，如图 2-4（b）所示，尽量提高白色碳化物颗粒与其他相（基体、石墨或孔洞等）之间的对比度，以便挑选分离碳化物颗粒。（3）选定增强体分布：利用 Image Pro Plus 6.0（IPP）分析处理后的组织照片，对图中呈现白色"方糖"状的 TaC 颗粒进行挑选，如图 2-4（c）所示，该区域被称为 AOI（area of interest）；并在挑选过程中对基体或其中的石墨、孔洞筛选过滤。（4）获取数据分析：利用 IPP 中的统计工具进行 AOI 区域及反选区域面积的计算，获取图 2-4（d）和（e）中的测量数据，由此可以计算出这一增强体分散区域中 TaC 颗粒的体积分数为 40.39%。

2.4 力学性能测试

2.4.1 硬度

硬度是材料抵抗局部变形能力的体现，它是材料化学性质、物理性质和组织特性的综合表现。硬度值的大小关系到材料自身的耐磨性、强度及使用寿命等多种性能，是反映材料表面增强层重要的机械与工艺特性物理参数。本书通过两种硬度测试手段对不同厚度的增强层的硬度进行了表征。

2.4.1.1 显微硬度测试

利用 TUKON2100 显微硬度计测试增强层中不同区域的硬度值，所测试目标面要光滑、洁净并与背面平行；法向载荷为 0.05 kg 或 0.1 kg，保载时间为 10s；每一测试区域至少测定 5 个压痕点，求取平均值，相对误差不超过±2%。其中两相邻点或任意点距试样边缘的距离不得小于 30 μm。

2.4.1.2 纳米硬度测试

为了精确测量微纳米结构致密陶瓷区域的硬度值，利用美国安捷伦科技公司的 Aglient technologies G200 实验系统进行纳米压痕硬度的测试，位移分辨率为 0.04 nm，该体系中为三棱锥结构的 Berkovich 金刚石压头，中心线与锥面夹角为 65.3°。根据不同需要在不同载荷下进行测试，泊松比为 0.25，采用一次或多次压入，载荷为线性增加，加载速率和卸载速率同为 400 mN/min，经过 30 s 载荷达到最大，静压 10 s，再经过 30 s 载荷卸载为零。实验在 10000 级超净环境下测试，环境介质气氛为空气，环境温度为 24 ℃±0.5 ℃。载荷–位移曲线在进行分析时采用 Oliver-Pharr 方法，通过对卸载曲线拟合一种幂次律关系，并由此决定初始卸载刚度。对于每一个峰值负载，在横截面和纵截面上至少打 6 个点进行压痕测试，以保持实验结果的可靠性。

2.4.2 弹性模量

弹性模量即在外力作用下产生单位弹性变形所需要的应力。它是材料抵抗弹性变形能力的指标，单位为 N/m^2 或是 GPa；是材料产生弹性变形难易程度的指标，值越大，使材料发生一定弹性变形的应力也越大，材料刚度越大，说明在一定应力作用下，发生弹性变形越小，弹性模量的性质依赖于形变的性质。弹性模量是通过美国安捷伦科技公司的 Aglient technologies G200 实验系统获得。

2.4.3 界面结合性能

增强层与基体之间良好的结合性能在很大程度上决定其应用的可靠性和使用寿命，也是发挥增强层使用性能的基础条件。增强层界面结合强度检测的方法很多，如刻划实验法[114-116]、激光层裂法[117]、压痕实验法等[118-119]、法向结合强度测试和切向结合强度测试。其中刻划实验操作简单、方便，被广泛用来检测增强层与基体的结合强度。在本书中对增强层与基体之间结合强度的测试采用刻划实验。刻划实验是在兰州化学物理研究所研制的 WS-2005 薄膜附着力自动划痕仪上进行。测量方式为声发射测量，这种方法可记录刻划过程中的法向载荷，并以增强层从基体剥落的临界载荷 L_C 来表征涂层结合强度。刻划所用金刚石压头半径 $R = 0.2$ mm，锥角为 120°。刻划后，利用上述扫描电镜观察增强层的划痕形貌，以记录刻划犁沟内部及周围的破坏。

2.4.4 残余应力测试

残余应力是在消除外力或不均匀的温度场等作用后仍留在物体内的自相平衡的内应力。残余应力一般在制造过程中出现，它对性能的影响较大，该参数的精确测量有助于预测增强层的使用寿命。利用 MSF-3M X 射线衍射仪非破坏性地分析增强层与基体之间的残余应力。X 射线衍射法测定材料中的残余应力的原理为：当多晶材料中有残余应力存在时，不同晶粒的同族晶面间距随这些晶面相对于应力方向的改变发生规则的变化（当应力方向平行于晶面时，晶面间距最小，当应力方向与晶面垂直时，晶面间距最大），使 X 射线衍射谱线发生偏移，再根据位移大小即可算出残余应力的大小。残余应力一般在制造过程中出现，它对性能的影响较大，该参数的精确测量有助于预测增强层的使用寿命。实验中 Cu K_α 的角度范围为 135.6° ~ 163.28°。

2.4.5 磨粒磨损的测试

磨粒磨损实验采用 ML-100 干式销盘两体磨料磨损试验机，其实验原理如图 2-5 所示[120]。实验时将表面覆有增强层的样品线切割成 $\phi6$ mm×10 mm 的圆销。磨损实验时，试样的加载为 5 N，圆盘的转速为 60 r/min，圆销试样的进量为 1 mm/r，以保证磨损过程中圆销试样总是与新的磨料进行对磨，其中对磨圆盘上砂纸为 320 目（粒径约为 45 μm）Al_2O_3 砂纸。磨损试验从增强层表面开始，每磨完一个20 m的行程，更换新砂纸。采用精度为0.0001 g的CP224S光电天平称量试样磨损实验前后的质量，为了保证磨损失重的准确性，要使试样总能与新的磨料接触，使试样相对圆盘作螺旋线运动（圆盘的步进距为4 mm），且试样每走完一个行程后必须更换新的砂纸。将磨损后的试样进行超声波清洗，然后烘干，并重新称重，取5个试样失重的平均值。为了减少实验误差及不必要的工作量，采用试样的真实失重来研究其相对耐磨性。

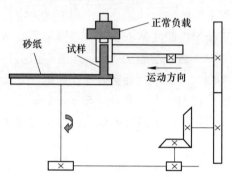

图2-5 销-盘式磨粒磨损实验原理图

相对耐磨性的计算如下：

$$\beta = \Delta m_r / \Delta m_c \tag{2-1}$$

式中　β——材料的相对耐磨性；

　　　Δm_r——所测标准试样的磨损量，本实验中为灰口铸铁的磨损量；

　　　Δm_c——制备复合材料的磨损量。

取3次磨损量的平均值作为最终数据。

2.5　实验技术路线

根据工艺的设计原理和实验方法，提出如图2-6所示的实验技术路线，具体实施如下：

（1）分别对Fe-C-Ta和Fe-C-Nb两种体系进行热力学计算，对反应的可能性进行预测；结合相关动力学模型对生长过程中的动力学参数进行计算，实现铁基表面TaC、NbC增强层的可控制备。

（2）通过研究不同制备工艺下表面所得HVF微纳米结构TaC(NbC)增强层和TaC(NbC)-Fe梯度增强层的组织演变过程进行研究，尤其是对界面特殊区域进行研究，阐明增强层的形成机制。

（3）通过压痕力学，对HVF微纳米结构TaC(NbC)增强层的硬度、弹性模量和加载过程中的塑性变形及断裂韧性进行了研究。

（4）通过显微刻划–单磨粒磨损实验测试增强层与基体之间的结合强度，明确连续加载下增强层的变形及破坏过程和机制。通过两体磨损实验对 TaC-Fe 表面梯度复合层和 NbC-Fe 表面梯度复合层不同反应区域的两体磨料磨损特性和磨损机理进行研究。

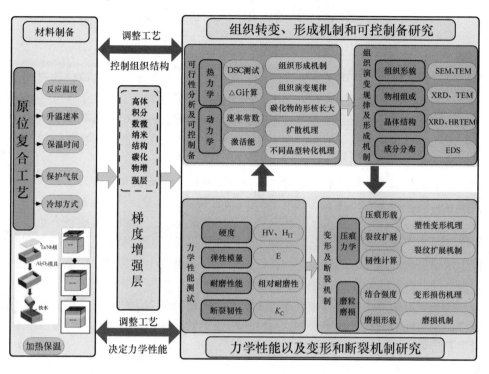

图 2-6　实验技术路线图

3 铁基表面 TaC、NbC 增强层形成的 热力学和动力学计算

目前钢铁表面增强可通过激光熔覆、粉末冶金、磁控溅射、热喷涂和气相沉积等技术方法来实现，但这些方法中，部分设备要求苛刻、工艺复杂、成本较高或所得增强层与基体结合强度低。因此，提出并实现一种生产设备简单、工艺流程短的制备方法，获得与基体结合力好、不易脱落且力学性能、耐磨性能优异的增强层是亟待解决的问题。

本书中利用了原位反应的优势，以高纯金属钽板、铌板和灰铸为原料，巧妙利用过渡族金属 Nb 和 Ta 与 C 之间很强的结合特性，以及灰铸铁可提供充分的 C 原子和铁的传质作用，提出了一种制备铁基体表面梯度复合增强层的新方法。其中增强层的形成，实质上是金属板和灰铁基体在界面处的扩散反应。为了研究原位生成铁基表面增强层的反应规律，以及探究制备过程中体系的反应原材料、热处理温度、保温时间和后处理方式对最终产物的组织形貌及物相结构的影响，本章对体系反应的热力学和动力学进行了研究。体系的热力学和动力学研究对于判定界面反应能否进行、难易程度、反应速率及扩散路径都有重大的指导意义，同时也是研究反应机理的重要依据。

3.1 铁基表面 TaC、NbC 增强层的热力学计算

体系的热力学计算一定程度上体现着化学反应发生的可能性。通常可根据反应体系中热力学函数自由能、熵或焓的大小从理论上来判断反应的可能性，本章以吉布斯自由能作为判据。首先，建立金属板/基体界面处反应热力学模型，计算增强层生成过程中所涉及反应的标准吉布斯函数；其次，推导出反应体系中各组分活度系数的计算公式，得出活度系数；最终引入相关热力学数据，判断所涉及反应发生的可能性，进一步结合相图讨论界面反应产物的形成[121-122]。主要目的是通过定量计算吉布斯自由能来判定 Fe-C-Ta 和 Fe-C-Nb 体系中反应的可能性和生成产物的先后顺序，结合 XRD 和动力学研究明确不同条件下增强层的产物，最终确定两种体系中生成碳化物增强层的工艺参数[123]。

3.1.1 Fe-C-Ta 和 Fe-C-Nb 体系的研究

为了精确计算体系中每一反应的吉布斯自由能函数，必须明确各元素及体系

的状态，建立该体系的热力学模型。

3.1.1.1 碳原子

反应体系中的 C 原子主要来源于基体中的片状石墨。虽然石墨的熔点高达 3850 ℃±50 ℃，但铸铁中石墨类似于"裂纹"[124]，存在大量的边角。在加热过程中，边角处容易应力集中，处在高能态，热量首先熔化边角造成塌陷。另外，虽然石墨的结晶度较高，但晶体内部存在大量缺陷。因此，当灰铁基体熔融时，片状石墨晶格中六角网络边缘上的杂质缺陷和局部断裂的 C—C 键使得石墨片边缘和表面局部 C 原子具有较高的化学活性。加热保温使得这些 C 原子的活性持续增加，并且在浓度梯度的作用下，C 原子向界面处大量扩散。

3.1.1.2 金属原子

理想金属晶体中原子或离子是规则排列的，但实际上晶体原子或离子的排列总是在热起伏过程中偏离理想的周期性。在热振动过程中，晶体中的某些原子或离子由于剧烈振动而脱离格点进入晶格的间隙位置或晶体表面，同时在晶体内部留下空位。这些处于间隙位置上的原子及原来格点上留下的空位并不是长久固定的。由于热起伏的存在，它们可以重新获取能量而不断改变位置，出现从一处到另一处的迁移运动。这也就是晶格中原子或是离子的扩散[125]。因此，两种体系中金属的扩散是低于其熔点时开始少量扩散，如 2.1.3 节所述。

3.1.1.3 反应体系的状态

反应体系的状态有以下两种：

（1）固-固状态。在低于共晶温度点时，Fe-C-Ta 和 Fe-C-Nb 呈固-固反应状态：在保温过程中会出现"接触"熔融现象。也就是存在局部区域的"小熔池"。在"小熔池"附近的金属板中，金属晶格上的原子振动加剧。少量脱附的金属原子和 C 原子的重组形成碳化物；由于 C 原子较小，可通过多种方式扩散，并很容易填充金属的八面体间隙形成不完全填充的碳化物，随着保温时间的延长，即在基体表面形成 TaC 或 NbC 小区域。基体内部的碳原子因内外浓度差及与碳化物形成元素 Ta、Nb 的强烈作用，不断扩散至基体表层。因此，在低温固-固反应过程中 C 原子在铁基体中的扩散是碳化物层生长过程的控制步骤。

（2）固-液状态。体系处于固-液状态时，固相板材和液态金属基体接触界面上会发生溶解现象，其实质是：液态金属对固态金属的润湿和原子在相界面处的交换，破坏了固体金属板中晶格内的原子键，使得液态金属原子与固态金属原子形成新键，从而发生溶解。也有人认为，液态金属与固态金属接触时，液态的组分首先向固体表面扩散，在表面一定厚度范围内达到饱和溶解度，此时固体金属表面层不需消耗能量即可向液相溶解。根据 DSC 可知在共晶点温度及其以上温度时，金属板和灰铁基体界面处形成固-液界面。当 Fe-C-Ta 和 Fe-C-Nb 都处于液-固两相共存（基体处于熔融态，而金属 Ta/Nb 板仍为固体）状态时，熔体中片状石墨表面的碳原子更加活跃，C 原子发生扩散。与此同时，该温度虽然没有达到钽板或铌板的熔点，熔融金属基体使得金属板表面部分区域的原子活性提高，促使金属中晶格上的原子振动加剧。因此，基体中向外扩散至表面的 C 原子很容易与界面处金属板自由表面金属原子结合进行晶格重组形成碳化物。

综上可知：本书所涉及的反应过程中，无论钽（铌）板与基体处于固－固状态还是固－液状态，碳化物形成的两种方式都是存在的，包括 C 原子和金属原子的重组及 C 原子的扩散填充，从而在接触面上形成碳化物的反应层，故其模型建立如图 3-1 所示，其中反应体系中存在着厚度为 δ 的三元微区。

原位反应生成 TaC 增强层的固－液反应，原位反应温度远低于钽板金属的理论熔点。钽板始终处于固态，只是表面有少量的脱附溶解，原位反应的发生主要依靠 C 原子和 Fe 原子在钽板中的扩散。由表 3-1 可以看出，C 原子和 Fe 原子的半径均没有 Ta 原子的半径大。

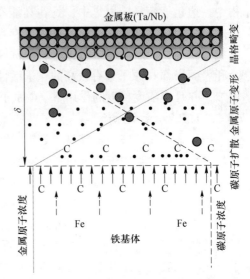

图 3-1　Fe-C-Ta(Nb) 体系界面的近似模型

表 3-1　Ta 原子基本性质

元素	原子半径/nm	同铁固溶情况		晶体结构	
		α-Fe	γ-Fe	类型	晶胞参数
Ta	0.209	有限	有限	体心立方	$a=b=c=330.13$ pm $\alpha=\beta=\gamma=90°$

碳原子、铁原子与钽原子的半径比分别为：

$$\frac{r_C}{r_{Ta}} = \frac{0.91}{2.09} = 0.435 \tag{3-1}$$

$$\frac{r_{Fe}}{r_{Ta}} = \frac{1.24}{2.09} = 0.593 \tag{3-2}$$

在原位反应过程中，钽板与灰铸铁界面处的各个原子在其平衡位置做热振动，由于存在着能量起伏，总有原子会从一个平衡位置跃迁至相邻的平衡位置上去，从而发生扩散。研究发现，钽板纯金属具有体心立方（bcc）结构，其点阵中的四面体间隙和八面体空隙 <100> 方向的间隙半径分别为 0.0291 nm 和 0.0154 nm，均不足以容纳 C 原子和 Fe 原子，而八面体空隙 <110> 方向的间隙半径为 0.0633 nm，基本足够容纳 C 原子和 Fe 原子，C 原子半径更小，更容易进入八面体空隙中。可见，C 原子和 Fe 原子在钽板金属中的扩散均以间隙扩散为主，C 原子的扩散速率更快。而 Ta 原子的半径（$r = 0.209$ nm）尺寸较大，所以 Ta 原子在 Ta-Fe-C 三元体系中只能以空位扩散的形式扩散，如图 3-2 所示[55]。

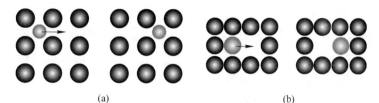

(a)   (b)

图 3-2　晶体中的扩散机制[55]
(a) 间隙扩散；(b) 空位扩散

由于 Ta 原子的半径大于 0.13 nm，C 原子的扩散并不一定能填满 Ta 晶胞中某种间隙的全部，常常只是填充其中的一部分，C 原子填充间隙程度不同会形成不同的物相，C 原子的浓度达到饱和时，形成密排六方（hcp）结构的 Ta_2C 相。当 C 原子浓度持续上升时，C 原子会占据 Ta_2C 晶胞中另一半的八面体空隙，与此同时，晶体结构发生从密排六方到面心立方的结构转变（hcp→fcc），形成具有 NaCl 结构的 TaC。

3.1.2　热力学势函数计算体系吉布斯自由能

热力学研究中，自由能（ΔG）判据应用最广泛，其中：若 $(\Delta G)_{T,P} < 0$，反应可以自发进行；若 $(\Delta G)_{T,P} = 0$，反应达到平衡；若 $(\Delta G)_{T,P} > 0$，反应不能自发进行。吉布斯自由能函数的计算方法包括经典热力学计算法和热力学势函数（Φ 函数法）两种。Φ 函数法与经典法相比：精确度相当，但前者计算简便。因此，本书选用 Φ 函数法计算体系吉布斯自由能。

$$\Delta G_T^{\ominus} = -RT\ln K^{\ominus} \tag{3-3}$$

$$\Delta G_T^{\ominus} = \Delta H_T^{\ominus} - T\Delta S_T^{\ominus} \tag{3-4}$$

由式（3-3）和式（3-4）可得：

$$\Delta H_T^{\ominus} - T\Delta S_T^{\ominus} = -RT\ln K^{\ominus} \tag{3-5}$$

对式（3-5）作恒等变化：

$$R\ln K^{\ominus} = -\frac{\Delta H_T^{\ominus} - T\Delta S_{T_0}^{\ominus}}{T} = -\frac{\Delta H_T^{\ominus} - \Delta H_{T_0}^{\ominus}}{T} + \Delta S_T^{\ominus} - \frac{\Delta H_{T_0}^{\ominus}}{T} \tag{3-6}$$

式中　T_0——参考温度；

$\Delta H_T^{\ominus}$——温度为 T 时体系的标准反应热效应；

$\Delta H_{T_0}^{\ominus}$——温度为 T_0 时体系的标准反应热效应；

$\Delta S_T^{\ominus}$ ——温度为 T 时体系的标准反应熵变。

若能把（3-6）中等号右边的前两项转换为纯物质的热力学函数，则计算变得方便通用。因此，将方程

$$\mathrm{d}\Delta H_T^{\ominus} = \Delta c_P \mathrm{d}T \tag{3-7}$$

在参考温度 T_0 和 T 间积分：

$$\Delta H_T^{\ominus} - \Delta H_{T_0}^{\ominus} = \sum n_i (H_T^{\ominus} - H_{T_0}^{\ominus})_{\text{生成物}} - \sum n_i (H_T^{\ominus} - H_{T_0}^{\ominus})_{\text{反应物}}$$
$$= \Delta(H_T^{\ominus} - H_{T_0}^{\ominus}) \tag{3-8}$$

式中　$(H_T^{\ominus} - H_{T_0}^{\ominus})$ ——纯物质标准摩尔相对焓；

$\Delta(H_T^{\ominus} - H_{T_0}^{\ominus})$ ——反应相对焓。

则温度 T 时的标准反应熵差 $\Delta S_T^{\ominus}$

$$\Delta S_T^{\ominus} = \sum (n_i S_{i,T}^{\ominus})_{\text{生成物}} - \sum (n_i S_{i,T}^{\ominus})_{\text{反应物}} \tag{3-9}$$

联立式（3-6）、式（3-8）和式（3-9），可得：

$$-\frac{\Delta_r H_T^{\ominus} - \Delta_r H_{T_0}^{\ominus}}{T} + \Delta_r S_T^{\ominus} = \Delta\left(-\frac{G_T^{\ominus} - H_{T_0}^{\ominus}}{T}\right) \tag{3-10}$$

若定义式中 $-\dfrac{G_T^{\ominus} - H_{T_0}^{\ominus}}{T}$ 为吉布斯自由能函数 Φ_T，则任一反应的吉布斯自由能函数的变化为：

$$\Delta\Phi_T = \Delta\left(-\frac{G_T^{\ominus} - H_{T_0}^{\ominus}}{T}\right) = -\frac{\Delta H_T^{\ominus} - \Delta H_{T_0}^{\ominus}}{T} + \Delta S_T^{\ominus} \tag{3-11}$$

由于反应的吉布斯自由能函数可通过物质的吉布斯自由能函数 Φ_T 得到：

$$\Delta\Phi_T = \sum (n_i \Phi_{i,T})_{\text{生成物}} - \sum (n_i \Phi_{i,T})_{\text{反应物}} \tag{3-12}$$

把式（3-11）代入式（3-6）中，得：

$$R\ln K^{\ominus} = \Delta\Phi_T - \frac{\Delta H_{T_0}^{\ominus}}{T} \tag{3-13}$$

联立式（3-3）和式（3-13），可得：

$$\Delta G_T^{\ominus} = \Delta H_{T_0}^{\ominus} - \Delta\Phi_T T \tag{3-14}$$

当参考温度 $T_0 = 298$ K 时，将 $\Delta\Phi_T$ 写为 $\Delta\Phi_T'$，则有：

$$\Delta G_T^{\ominus'} = \Delta H_{T_0}^{\ominus} - \Delta\Phi_T' T \tag{3-15}$$

根据式（3-15）可以计算出某温度 T 时，标准反应吉布斯自由能变 $\Delta G_T^{\ominus}$ 相对应的一个 $\Delta\Phi_T$ 值。可以在 $T_0 \sim T$ 之间，得到一系列 T-$\Delta G_T^{\ominus}$ 对应数据。

通过分析可知该体系可依据溶液中的反应进行类比计算，对于溶液中的反应：

$$a[\mathrm{A}] + b[\mathrm{B}] = c[\mathrm{C}] \tag{3-16}$$

式中　a——反应物 [A] 的物质的量；

　　　b——反应物 [B] 的物质的量；

　　　c——生成物 [C] 的物质的量。

在等温等压下，反应 (3-16) 的标准吉布斯自由能可表示为：

$$\Delta G_{T,P}^{\ominus} = \sum (n_i \Delta G_f^{\ominus})_{生成物} - \sum (n_i \Delta G_f^{\ominus})_{反应物} \tag{3-17}$$

式中　　　n_i——物质 i 的计量数；

$(\Delta G_f^{\ominus})_{生成物}$——生成物的标准吉布斯自由能；

$(\Delta G_f^{\ominus})_{反应物}$——反应物的标准吉布斯自由能。

根据式 (3-17)，对于反应 (3-16) 则有：

$$\Delta G_{T,P}^{\ominus} = c\Delta G_{f,C}^{\ominus} - a\Delta G_{溶,A}^{\ominus} - b\Delta G_{溶,B}^{\ominus} \tag{3-18}$$

式中　$\Delta G_{f,C}^{\ominus}$——生成物 C 的标准吉布斯自由能；

　　　$\Delta G_{溶,A}^{\ominus}$——反应物 A 的标准吉布斯自由能；

　　　$\Delta G_{溶,B}^{\ominus}$——反应物 B 的标准吉布斯自由能。

在此引入活度系数对溶液中的吉布斯自由能进行进一步计算。

由于活度系数 (f_i) 的计算如下[126]：

$$\lg f_i = \sum_{j=2}^{n} e_i^j w_j \tag{3-19}$$

式中　e_i^j——溶液中第三元素 j 与第二元素 i 一级相互作用系数，可通过热力学
　　　　　手册进行查阅；

　　　w_j——组元 j 在溶液中的质量分数。

根据热力学计算，稀溶液在等温等压条件下的吉布斯自由能为：

$$\begin{aligned}\Delta G_{T,P} &= \Delta G_{T,P}^{\ominus} + \sum n_i RT\ln f_i w_i \\ &= \Delta G_{T,P}^{\ominus} + \sum n_i RT\ln w_i + \sum n_i RT\ln f_i\end{aligned} \tag{3-20}$$

式中　f_i——组元 i 在溶液中的活度系数；

　　　w_i——组元 i 在溶液中的质量分数；

　　　n_i——化学计量系数；

　$\Delta G_{T,P}^{\ominus}$——反应的标准自由能。

由式 (3-20) 可知，只要知道 f_i，即可计算出反应的自由能。

所以，反应 (3-17) 的吉布斯自由能变化为：

$$\Delta G_{T,P} = \Delta G_{T,P}^{\ominus} + \sum n_i RT\ln a_i = \Delta G_{T,P}^{\ominus} - aRT\ln a_A - bRT\ln a_B + cRT\ln a_C \tag{3-21}$$

式中　R——气体常数，8.314 J/(K·mol)；

　　　a_i——反应物 i 的活度。

$$a_i = f_i \rho_i \tag{3-22}$$

式中　f_i——i 的活度系数；

　　　　ρ_i——i 的质量浓度。

由于 C 为化合物，所以 $a_C = 1$，将式（3-21）代入式（3-22），整理后得到：

$$\Delta G_{T,P} = \Delta G_{T,P}^{\ominus} + \sum n_i RT \ln a_i$$

$$= \Delta G_{T,P}^{\ominus} - aRT\ln\rho_A - aRT\ln f_A - bRT\ln\rho_B - bRT\ln f_B \tag{3-23}$$

3.1.3　Fe-C-Ta 体系中的反应及相应的吉布斯自由能函数

通过溶液中的反应吉布斯自由能的相关公式对该体系进行描述。在 Fe-C-Ta 三元体系中只有 Fe、Ta 和 C 3 种元素，根据上述可知 Fe 为溶剂，Ta 和 C 为溶质，其中所发生的反应如下：

$$Ta(s) + C(s) \Longequal TaC(s) \tag{3-24}$$

$$2Ta(s) + C(s) \Longequal Ta_2C(s) \tag{3-25}$$

$$3Fe(\alpha) + C(s) \Longequal Fe_3C(s)$$

$$3Fe(\gamma) + C(s) \Longequal Fe_3C(s) \tag{3-26}$$

$$3Fe(\delta) + C(s) \Longequal Fe_3C(s)$$

利用溶液中反应的吉布斯自由能的方法对该体系进行计算：

$$\Delta G_{Ta_2C} = \Delta G_{Ta_2C}^{\ominus} - 2RT\ln\rho_C - RT\ln\rho_{Ta} - 2RT\ln f_C - RT\ln f_{Ta} \tag{3-27}$$

$$\Delta G_{TaC} = \Delta G_{TaC}^{\ominus} - RT\ln\rho_C - RT\ln\rho_{Ta} - RT\ln f_C - RT\ln f_{Ta} \tag{3-28}$$

$$\Delta G_{Fe_3C} = \Delta G_{Fe_3C}^{\ominus} - RT\ln\rho_C - RT\ln f_C \tag{3-29}$$

在式（3-27）～式（3-29）中，得知体系中相应的标准吉布斯自由能 $\Delta G^{\ominus}$ 及 Ta 和 C 的活度系数 f_{Ta} 和 f_C 后，即可得出相应物质的吉布斯自由能函数。

（1）体系中相应的标准吉布斯自由能 $\Delta G^{\ominus}$：

$$\Delta G_{TaC}^{\ominus} = -142.25 + 0.0012T \quad (432 \sim 1712 \ ℃) \tag{3-30}$$

$$\Delta G_{Ta_2C}^{\ominus} = -200.80 + 0.0021T \quad (432 \sim 1712 \ ℃) \tag{3-31}$$

$$\Delta G_{Fe_3C}^{\ominus} = -38.05 + 0.05710T \quad (432 \sim 912 \ ℃)$$

$$\Delta G_{Fe_3C}^{\ominus} = -37.30 + 0.10500T \quad (912 \sim 1392 \ ℃) \tag{3-32}$$

$$\Delta G_{Fe_3C}^{\ominus} = -53.64 + 0.06995T \quad (1392 \sim 1754 \ ℃)$$

（2）体系中 Ta、C 的活度系数。由于反应过程中所涉及的三元体系是一个微区，则组元的质量分数可按照某一反应温度下合金元素在铁中的最大溶解度近似计算。如表 3-2 中所列，Nb 在 γ-Fe 和 α-Fe 中的最大溶解度分别约为 2.0% 和 1.8%，这里取最大溶解度，按 2.0% 计算。Ta 的作用与 Nb 类似，也按照 2.0% 计算。C 在 α-Fe 及 γ-Fe 中的最大溶解度分别为 0.02% 和 2.1%。根据式（3-19），体系中 Ta、C 的活度系数 f_{Ta} 和 f_C 为：

$$\lg f_{Ta} = \sum_{j=2}^{3} e_{Ta}^{j} \rho_j = e_{Ta}^{Ta} \rho_{Ta} + e_{Ta}^{C} \rho_C$$

$$= 0.002 \times 2.0 + (-0.37) \times 2.1 = -0.773 \qquad (3\text{-}33)$$

$$\lg f_C = \sum_{j=2}^{3} e_C^{j} \rho_j = e_C^{C} \rho_C + e_C^{Ta} \rho_{Ta}$$

$$= 0.14 \times 2.1 + (-0.021) \times 2.0 = 0.252 \qquad (3\text{-}34)$$

不同温度之间活度系数与相应温度成反比：

$$\frac{\lg f_i T_1}{\lg f_i T_2} = \frac{T_2}{T_1} \qquad (3\text{-}35)$$

表 3-2 铁液中 Ta、Nb 和 C 各组元之间的相互作用系数 e_i^{j}（1873 K）

e_i^{j}		j		
		Nb	Ta	C
i	Nb	0	—	−0.49
	Ta	—	0.002	−0.37
	C	−0.06	−0.021	0.14

在原位反应温度 1172 ℃（1445K）下，活度系数应为：

$$\frac{\lg f_{Ta} T_{1445\,K}}{\lg f_{Ta} T_{1873\,K}} = \frac{1873}{1445} \Rightarrow \lg f_{Ta} T_{1445\,K} = \frac{1873}{1445} \times \lg f_{Ta} T_{1873\,K} = -1.002$$

$$\Rightarrow f_{Ta} T_{1445\,K} = 0.0995 \qquad (3\text{-}36)$$

$$\frac{\lg f_C T_{1445\,K}}{\lg f_C T_{1873\,K}} = \frac{1873}{1445} \Rightarrow \lg f_C (T_{1445\,K}) = \frac{1873}{1445} \times \lg f_C T_{1873\,K} = 0.3265$$

$$\Rightarrow f_C T_{1445\,K} = 2.1208 \qquad (3\text{-}37)$$

（3）体系中反应吉布斯自由能函数

$$\Delta G_{Ta_2C} = \Delta G_{Ta_2C}^{\ominus} - 2RT\ln\rho_C - RT\ln\rho_{Ta} - 2RT\ln f_C - RT\ln f_{Ta}$$

$$= \Delta G_{Ta_2C}^{\ominus} - 2RT(\ln\rho_C + \ln f_C) - RT(\ln\rho_{Ta} + \ln f_{Ta}) \qquad (3\text{-}38)$$

则：

$$2Ta(s) + C(s) \rightleftharpoons Ta_2C(s)$$

$$\Delta G_{Ta_2C} = -200.80 + 0.0167T \quad (432 \sim 1712\ ℃) \qquad (3\text{-}39)$$

$$\Delta G_{TaC} = \Delta G_{TaC}^{\ominus} - RT\ln\rho_C - RT\ln\rho_{Ta} - RT\ln f_C - RT\ln f_{Ta} \qquad (3\text{-}40)$$

则：

$$Ta(s) + C(s) \rightleftharpoons TaC(s)$$

$$\Delta G_{TaC} = -142.25 + 0.0023T \quad (432 \sim 1712\ ℃) \qquad (3\text{-}41)$$

$$\Delta G_{Fe_3C} = \Delta G_{Fe_3C}^{\ominus} - RT\ln\rho_C - RT\ln f_C \qquad (3\text{-}42)$$

则：

$$3Fe(\alpha) + C(s) \xrightarrow{\hspace{1cm}} Fe_3C(s)$$

$$\Delta G_{Fe_3C} = -38.05 + 0.0446T \quad (432 \sim 912\ ℃)$$

$$3Fe(\gamma) + C(s) \xrightarrow{\hspace{1cm}} Fe_3C(s)$$

$$\Delta G_{Fe_3C} = -37.30 + 0.0925T \quad (912 \sim 1392\ ℃)$$

$$3Fe(\delta) + C(s) \xrightarrow{\hspace{1cm}} Fe_3C(s)$$

$$\Delta G_{Fe_3C} = -53.64 + 0.0575T \quad (1394 \sim 1754\ ℃) \tag{3-43}$$

实验中 Ta_2C、TaC 和 Fe_3C 的吉布斯自由能与温度的函数关系曲线如图 3-3 所示。根据吉布斯自由能判定原则可知：ΔG 越小，反应的驱动力越大，即反应就越容易进行。即在图 3-3 所示温度范围可能发生的反应其先后顺序依次是式 (3-39) 和式 (3-41)。其中，Ta_2C 和 TaC 的吉布斯自由能总有 $\Delta G_{Ta_2C} < 0$、$\Delta G_{TaC} < 0$，但是在 1172 ℃附近 $\Delta G_{Ta_2C} < \Delta G_{TaC}$，即 Ta_2C 的反应驱动力大于 TaC，因而在反应初期形成 Ta_2C 的趋势较大，与文献中计算所得相一致[127]。

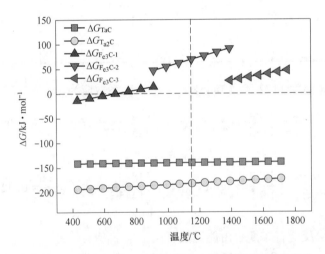

图 3-3　Fe-C-Ta 体系的吉布斯自由能函数随温度的变化

3.1.4　Fe-C-Nb 体系中的反应及相应的吉布斯自由能函数

根据上述 3.1.3 节中原理和过程计算可得 Fe-C-Nb 体系中可能涉及反应的吉布斯自由能函数为：

$$Nb(s) + C(s) \xrightarrow{\hspace{1cm}} NbC(s)$$

$$\Delta G_{NbC} = -182.33 + 0.10984T \quad (432 \sim 1712\ ℃) \tag{3-44}$$

$$2Nb(s) + C(s) \xrightarrow{\hspace{1cm}} Nb_2C(s)$$

$$\Delta G_{Nb_2C} = -146.40 + 0.2874T \quad (432 \sim 1712\ ℃) \tag{3-45}$$

Fe-C-Nb 体系的吉布斯自由能与温度的函数关系曲线如图 3-4 所示。从热力学角度计算体系中反应的吉布斯自由能可知：$\Delta G_{NbC} < 0$ 而 $\Delta G_{Nb_2C} > 0$，因此在该体系中更易形成 NbC。

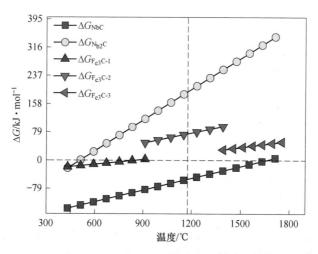

图 3-4　Fe-C-Nb 体系的吉布斯自由能函数随温度的变化

Nb 的碳化物作为多态材料，不仅包括岩盐结构还包括有空间群为 $P\bar{6}m2$ 或者 $P6_3/mmc$ 的各种各样的六方晶相（CW，AsNi，anti-AsNi，AsTi，CMo），见表 3-3。由于 Nb 的碳化物在 CW 同素异构形式时是非常不稳定的，因此有 C 就有填充。C 的这种间隙扩散正是形成非化学计量碳化铌（NbC_x，$0.6 < x < 0.99$）的原因。当有充足 C 原子存在时，该体系反应生成的是 NbC。文献［128］中计算所得，Nb 的碳化物的形成焓都在 NaCl 型立方结构 NbC 之下，说明 NbC 在六方结构下是一种亚稳态，而在 NaCl 结构时结晶。然而，从表中可以看出六方 MC 型结构的 NbC 和 NaCl 结构形成焓差别仅为 0.03，同时指出六方 MC 型结构的 NbC 和 NaCl 结构极其相似。而在本书实验中最后检测到的都为 $Fm\bar{3}m$（225）型的 NbC，它为 MC 型结构在 C 的持续扩散填充作用下相转变而来。

表 3-3　计算所得不同 Nb-C 化合物的反应热焓（**ΔH**）、**δ**（**ΔH**）与最稳定相的差别[128]

原型	空间群	Nb-C	
		ΔH	δ（ΔH）
CW	$P\bar{6}m2$	−0.65	0.81
AsNi	$P6_3/mmc$	−1.23	0.22

原型	空间群	Nb-C	
		ΔH	δ (ΔH)
Anti-AsNi	—	−0.72	0.73
CMo	—	−1.42	0.03
AsTi	—	−1.33	0.12
NaCl	$Fm\bar{3}m$	−1.45	—
Szn	$F\bar{4}3m$	−0.27	1.18

原位反应热力学计算结果的分析，不仅可以判断反应能否进行，而且还可以对反应产物进行预测，为反应体系的成分设计提供依据。进一步将原位条件确定在一个合理的范围内，这对于整个反应过程的研究判断是有必要的。但是，经典热力学计算判据有一定的局限性，因为化学反应、质量运输及能量传递等为中和的过程是发生于多相之间复杂的多阶段的非平衡热力学过程。因此，用经典热力学理论计算自由能差 ΔG、并将之作为过程进行方向的判据或推动力的度量，在判断过程相对速度时有一定的比较意义。一般情况下，各种过程进行的实际速度与吉布斯自由能差 ΔG 不存在确定的关系。动力学因素对热力学分析存在不同程度的影响，因此，热力学上所涉及反应的发生，实际上是否发生，或是如何进行，需要动力学因素进行佐证。

3.2　铁基表面 TaC、NbC 增强层形成的动力学分析

本节将对增强层生长动力学进行研究，主要目的在于通过动力学计算得出反应体系中增强层随时间的变化规律。固相反应机理和种类是多样的，对于不同的反应，甚至是同一反应的不同计算，反应的动力学关系也往往不同。因此，在实际研究中应该注意加以判断与区别。

3.2.1　TaC 增强层生长的动力学计算

3.2.1.1　TaC 增强层结构研究

图 3-5 为 1155 ℃分别保温 5 min、10 min、20 min 和 30 min 后所得增强层的 X 射线衍射曲线。从总体来看，整个体系中主要包括：石墨（G）、Ta、TaC、

Fe₃C 和 α-Fe 相。将 1155 ℃不同保温时间所得增强层的 X 射线衍射曲线对比可知，随保温时间延长 Ta 的衍射峰不断降低，即未消耗的钽板逐渐减少；而 TaC 衍射峰逐渐增高，由此可知生成的 TaC 逐渐增多。实验中金属钽板的残留，并不会造成负面影响，因为金属 Ta 良好的物理化学特性——对盐酸、浓硝酸及王水的不反应，硬度适中，热膨胀系数小等特性，使它成为基体的首道保护屏障。

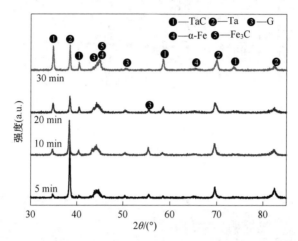

图 3-5　1155 ℃不同保温时间下所得试样的 X 射线衍射曲线

　　对 TaC 增强层的动力学研究是通过 4 个温度下的多组实验来实现的。图 3-6~图 3-9 是钽板和金属基体接触后，分别于 1115 ℃、1135 ℃、1155 ℃和1175 ℃保温 5 min、10 min、20 min、30 min 所得样品的横截面组织照片。表 3-4 为不同热处理温度和时间下增强层的平均厚度值。从图中可以看出，从表面向基体内部依次为：表层的未反应完的金属钽板、碳化物层及基体 3 个部分。每一温度和时间下，增强层的厚度都是均匀的，且能够在铁基体表面形成完整的层状覆盖。为了保证取值的准确性，每一温度时间下至少制取 3 个样品，并取多个视野观察，取 5 处厚度值进行测量。

(a)　　　　　　　　　　　　　(b)

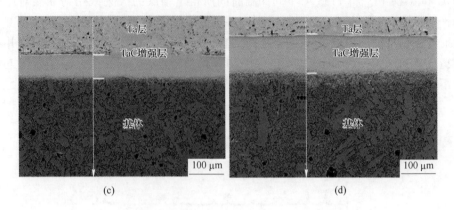

图 3-6　1115 ℃保温不同时间时 TaC 增强层横截面的 SEM 照片

（a）5 min；（b）10 min；（c）20 min；（d）30 min

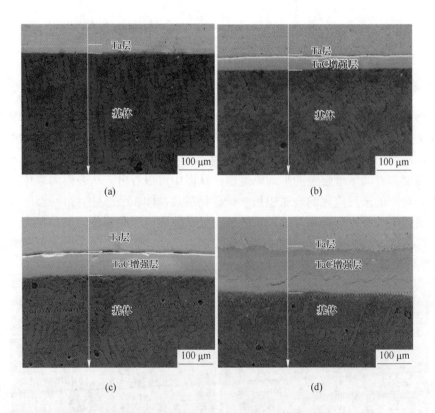

图 3-7　1135 ℃保温不同时间时 TaC 增强层横截面的 SEM 照片

（a）5 min；（b）10 min；（c）20 min；（d）30 min

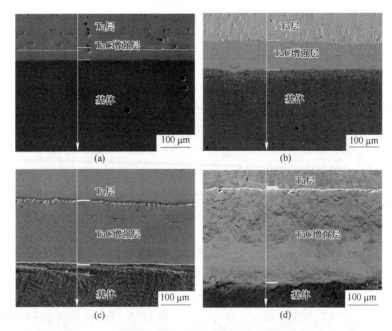

图 3-8　1155 ℃保温不同时间时 TaC 增强层横截面的 SEM 照片

(a) 5 min；(b) 10 min；(c) 20 min；(d) 30 min

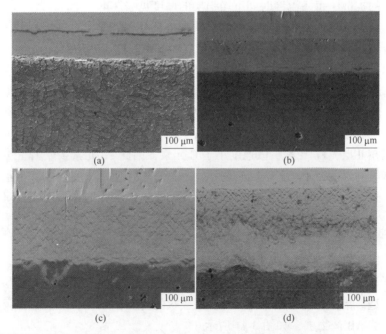

图 3-9　1175 ℃ 保温不同时间时 TaC 增强层横截面的 SEM 照片

(a) 5 min；(b) 10 min；(c) 20 min；(d) 30 min

表 3-4 TaC 增强层的厚度与时间和温度变化

时间 /min	温度							
	1115 ℃		1135 ℃		1155 ℃		1175 ℃	
	实验厚度 /μm	理论厚度 /μm	实验厚度 /μm	理论厚度 /μm	实验厚度 /μm	理论厚度 /μm	实验厚度 /μm	理论厚度 /μm
5	14.4±1.59	40.54	33.8±2.39	57.33	45.1±1.45	81.08	82.7±4.47	89.32
10	44.5±2.06	65.11	60.2±1.81	92.07	105.2±6.99	130.2	194.9±4.23	159.5
20	74±1.10	103.2	125.4±2.57	145.9	202.4±5.01	206.4	254.7±1.63	252.8
30	99±2.57	161.5	164.9±1.96	228.4	290.2±2.89	323	394.7±7.13	395.6

1115 ℃ 保温 5 min 时，TaC 反应层的厚度仅为 14.4 μm±1.59 μm；而当温度不变，时间增加到 30 min 时，反应层厚度增加到 99 μm±2.57 μm，且增强层在靠近基体区域出现了极少部分 TaC 颗粒在基体中的扩散。当温度增加到 1155 ℃，时间为 5 min 时，反应层增加到了 40.1 μm±1.45 μm；随着保温时间的延长，反应层的厚度增长到了 345.3 μm±2.89 μm，约为 1115 ℃、保温 5 min 时增强层厚度的 24 倍。由此表明，整个反应过程中 TaC 都在不断生成。对比实验结果发现，在较高温度或较长的处理时间下，在增强层靠近基体区域都会出现少许 TaC 颗粒向基体中的扩散。每一温度时间下增强层的厚度见表 3-4。

为了研究从 I 层到 III 层各元素的扩散趋势及分布情况，对试样纵截面进行了线扫描分析，如图 3-10 所示。从线扫描结果可知，I 层含有大量的 Ta 元素，结合纵截面扫描照片，得出结论，这与未反应的钽板相对应；II 层为反应生成的 TaC 陶瓷组织，可以看出，与 I 层相比，II 层 Ta 元素略有所下降，而 Fe 元素和 C 元素略微有所增加，这是由于原位反应生成了 TaC 陶瓷层，Ta 为强碳元素，对碳元素具有极强的吸引力，从 I 层、II 层交界处开始反应，不断地生成 TaC 陶瓷并聚集在 II 层，Fe 元素扩散速度小于 C 元素，因此 Fe 元素少于 C 元素，且从钽板到基体的过渡时 Fe 元素逐渐增大，这是扩散引起的浓度梯度；III 层为灰铸铁基体，这一区域本应主要以 Fe 元素、C 元素为主，但发现 C 元素含量相对于 Fe 元素少很多，可能是由于基体中含碳量较少，此处区域的 C 原子几乎全部扩散到钽板一侧，导致 C 原子临近枯竭。

3.2.1.2 TaC 增强层生长动力学模型的建立及相关参数的计算

为了进一步研究 TaC 增强层生长动力学中的相关参数，将建立增强层生长的动力学模型。冶金动力学中描述[129]：平板状的物质 A 和 B，相互接触反应生成厚度为 y 的 AB 产物层，如图 3-11 所示。

AB 产物层把反应物 A 和 B 分隔开。要继续反应，A 就要穿过 AB 产物层向 AB-B 界面扩散。若在 AB-B 界面上的反应速度远大于 A 的扩散速度，则过程由扩

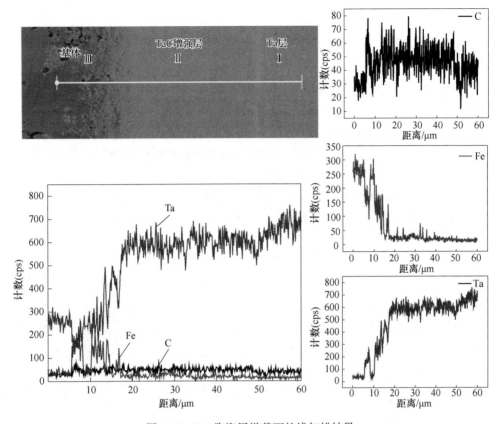

图 3-10　TaC 陶瓷层纵截面的线扫描结果

散所控制。设平板间的接触面积为 S，在 $\mathrm{d}t$ 的时间间隔内经 AB 层扩散的 A 量为 $\mathrm{d}G_A$，浓度梯度为 $\dfrac{\mathrm{d}C}{\mathrm{d}y}$，则按菲克第一定律：

$$\frac{\mathrm{d}G_A}{\mathrm{d}t} = DS\frac{\mathrm{d}C}{\mathrm{d}y} \qquad (3\text{-}46)$$

而 A 物质在 a、b 两点处的浓度分别为 100% 和 0，则式（3-46）可改写为：

$$\frac{\mathrm{d}G_A}{\mathrm{d}t} = DS\frac{1}{y} \qquad (3\text{-}47)$$

则 A 物质的迁移量 $\mathrm{d}G_A$ 正比于 $S\mathrm{d}y$，故：

$$\frac{\mathrm{d}y}{\mathrm{d}t} = K'\frac{D}{y} \qquad (3\text{-}48)$$

图 3-11　平板扩散模型

积分得：

$$y^2 = 2K'Dt = Kt \tag{3-49}$$

则：

$$y^2 = Kt \tag{3-50}$$

式（3-50）即为抛物线速度方程，它表示反应生成层的厚度与时间的平方根成正比。该方程式的应用仅限于平板情况。依据这个公式，在大量实验的基础上可以根据 y^2 与 t 的关系得出该温度下的生长速率常数。

一般界面反应的最初阶段为反应主导的控制过程。然而反应产物形成薄层之后，反应则以扩散为主导。此时，通过薄层时反应物的扩散速度要比在界面上发生的化学反应速度小得多，固相反应速度受到反应物扩散速度的限制。由于在固态产物层中的扩散现象是很复杂的，它受到晶体缺陷、界面性质等因素的影响，因此根据不同的条件，选择合适的数学模型。受扩散控制的界面反应层的生长满足抛物线生长规律，即式（3-50）。

将表 3-4 中的数据经 origin 拟合获得不同温度下 TaC 增强层厚度 y 随时间 t 变化曲线，如图 3-12 所示：即界面反应层厚度 y 与热处理时间 t 呈抛物线关系。

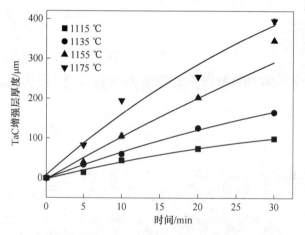

图 3-12　不同的温度下增强层的厚度随时间的变化

由式（3-50）可知不同温度下涂层厚度的平方与保温时间呈线性变化，拟合直线的斜率即为各温度下的扩散速率常数 K。由图 3-13 可知，在该温度条件下的 K 是有效的。因此，实验中各温度下的扩散系数 $K_{Expt.}$ 见表 3-5。

表 3-5　TaC 增强层不同温度下的生长速率常数

温度/℃	1115	1135	1155	1175
$K_{Expt.}$ /cm^2 · s^{-1}	5.67×10^{-8}	1.59×10^{-7}	4.80×10^{-7}	8.43×10^{-7}
$K_{Cal.}$ /cm^2 · s^{-1}	6.09×10^{-8}	1.57×10^{-7}	3.94×10^{-7}	9.66×10^{-7}

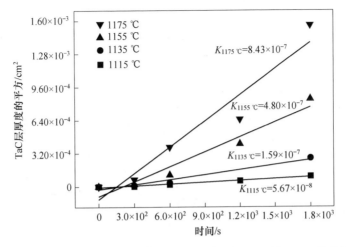

图 3-13 不同温度下 TaC 增强层厚度的平方（y^2）与保温时间（t）的线性关系

3.2.1.3 反应体系中扩散激活能研究

根据体系中生长速率常数和温度之间的经验关系（Arrhenius 公式）：

$$K = K_0 \exp\left(-\frac{Q}{RT}\right) \tag{3-51}$$

对 Arrhenius 公式两边取自然对数变形可得：

$$\ln K = \ln K_0 - \frac{Q}{RT} \tag{3-52}$$

式中　Q——扩散活化能，kJ/mol；

　　　K——扩散速率常数，cm^2/s；

　　　K_0——指前因子，也称阿伦尼乌斯常数，单位与 K 相同；

　　　R——摩尔气体常量，8.314 J/(mol·K)。

则该体系中的 Q 和 K_0 可以通过多组的 $\ln K$ 和 $1/T$ 拟合得到。图 3-14 中拟合直线的斜率为扩散活化能 Q。在该实验条件下，TaC 增强层的激活能 Q 为 770.04 kJ/mol，指前因子 K_0 为 5.76×10^{21} cm^2/s。图 3-12 中拟合直线的线性相关系数为 0.98，这表明拟合所得 Q 值有效性较高。

将所得参数 Q 和 K_0 代入式（3-51），可得：

$$K = \exp(50.105) \times \exp\left(-\frac{Q}{RT}\right) \tag{3-53}$$

由此，可以计算出该体系中实验所涉及温度范围内任意温度下的生长速率常数 $K_{Cal.}$，见表 3-5。将两种方式所得各温度下的扩散系数比较可知，式（3-53）用于计算扩散系数 K 的准确度较高。在 1115~1175 ℃ 范围内，随着温度的升高生长速率常数逐渐增大，归因于温度升高，原子热运动加剧，扩散系数迅速提高。

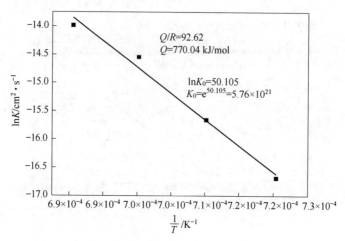

图 3-14　TaC 增强层形成过程中 $\ln K$ 与 $\dfrac{1}{T}$ 的变化关系

再将式（3-50）和式（3-53）相结合，可得 TaC 增强层厚度与保温温度和保温时间的函数关系：

$$y = 7.59 \times 10^{10} \times \sqrt{t \times \exp\left(-\frac{92617}{T}\right)} \qquad (3\text{-}54)$$

实验结果表明：TaC 增强层的生长遵循抛物线规律。通过系列实验和公式转换计算可得到增强层生长厚度与时间和温度的函数关系。利用式（3-54）计算实验中所涉及的不同温度、时间下的层厚，所得具体数值见表 3-4，与测量值对比可知：在实验所涉及温度和时间范围内，在较高的温度和较长时间下，计算值与测量值吻合得较好。而在短时间内，或较低温下计算值与测量值差别较大，这一方面与测量时的误差有关，另一方面与短时间内操作过程及炉腔温度的不均匀有关。但总体来看该数学模型的建立，对于基础研究或是应用研究中预测该增强层的厚度具有重要的意义。

在上述动力学的研究过程中，并未发现有 Ta_2C 层的存在。查阅文献料可知[130]：Ta 和 C 可生成多种 Ta 的碳化物，依据 C 原子比例的不同，分别为 TaC、TaC_2、Ta_2C_5、Ta_2C 和 Ta_4C_3 等，其中 TaC 与 Ta_2C 是最主要的两种，其化学性质也较为稳定，性能较好。Ta-C 二元相图如图 3-15 所示。从相图中也可以发现 TaC 的多种非化学计量比化合物，C/Ta 的原子比例可从 0.6 变化至 0.98。TaC 是一种在熔点下无固态相变的稳定物质，而 Ta_2C 则不同，当温度接近其熔点时易分解。由于在所涉及反应体系的熔融区内 C 原子数量远远大于 Ta 原子，以相对过量的形式存在，故 C 原子进一步填充密排六方 Ta_2C 的八面体间隙形成 TaC。有文献报道 Ta_2C 会在低温下发生分解形成 $Ta_2C \rightarrow TaC + Ta$[131]。这也是室温下没有检测到 Ta_2C 的原因之一。

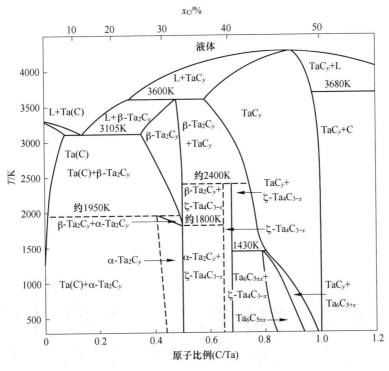

图 3-15 Ta-C 二元相图[130]

3.2.2 NbC 增强层生长的动力学计算

3.2.2.1 NbC 增强层结构研究

图 3-16 为 1010 ℃ 的温度下分别热处理 5 min、10 min、15 min、20 min 的所得增强层 X 射线衍射曲线。从总体来看，整个体系中主要包括：Nb、NbC 和 α-Fe 相。从 1010 ℃ 不同保温时间所得增强层的 X 射线衍射曲线对比可知：随保温时间延长，Nb 的衍射峰不断降低，即未消耗的铌板逐渐减少；而 NbC 衍射峰逐渐增高，由此可知生成的 NbC 逐渐增多。

图 3-17 为 1010 ℃ 的温度下分别热处理 5 min、10 min、15 min、20 min 的 NbC 增强层截面形貌，从图中可以看出，在同一温度下随着保温时间的延长，增强层厚度规则增长。增强层的厚度从 13.74 μm 增加到 26.83 μm。由此表明：在整个过程中，基体里的 C 原子和铌板表面的 Nb 原子经过扩散结合不断生成 NbC，最终形成致密且晶粒细小的 NbC 增强层。

3.2.2.2 NbC 增强层生长动力学模型的建立及相关参数的计算

在 NbC 增强层形成过程中 C 的扩散起着主导作用，扩散阶段从灰铸铁到和铌板间形成 C 浓度梯度。C 原子在 NbC 增强层中的扩散是一种稳态扩散，在这

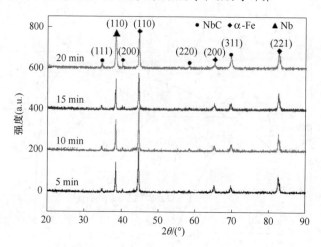

图 3-16 1010 ℃保温 5 min、10 min、15 min、20 min 增强层横截面 X 射线衍射分析

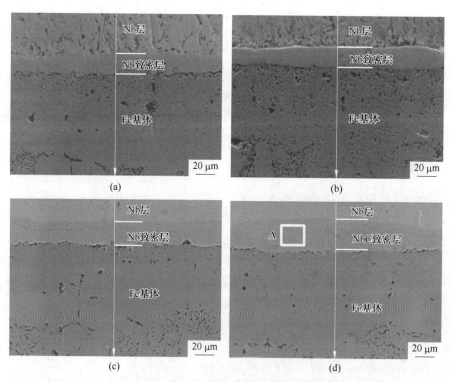

图 3-17 1010 ℃保温不同时间 NbC 增强层横截面的 SEM 照片

(a) 5 min；(b) 10 min；(c) 15 min；(d) 20 min

一种扩散形式中，C 的浓度只与其扩散距离有关而与热处理时间无关。结合 C-Nb 相图可知 C 浓度随 NbC 厚度（l）线性分布，如图 3-18（a）所示。

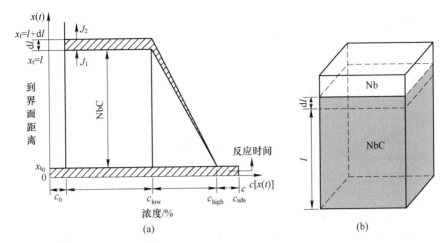

图 3-18 NbC 增强层碳浓度分布示意图（a）和 NbC/铌板界面质量平衡方程示意图（b）

通过扩散模型和一系列的数学推导可以得到 C 的扩散系数，扩散模型的边界条件和初始条件如下：

$$t = 0, \ 0 \leqslant x \leqslant \infty, \quad c_{NbC} = c_0 \tag{3-55}$$

$$c_{NbC}\big|_{x = l_0 \approx 0} = c_{high}^{NbC} \quad （表面 C 浓度保持恒定）$$

$$c_{ads}^{C} > 11.67\%C \tag{3-56}$$

$$c_{NbC}\big|_{x = l} = c_{low}^{NbC} \quad （界面 C 浓度保持恒定）$$

$$c_{ads}^{C} < 9.07\% \tag{3-57}$$

式中 c_{high}^{NbC} ——NbC 增强层中 C 浓度的最高值；

$\quad\quad c_{low}^{NbC}$ ——NbC 增强层中 C 浓度的最低值；

$\quad\quad c_{ads}^{C}$ ——有效吸附碳浓度；

$\quad\quad t$ ——热处理时间；

$\quad\quad l$ ——NbC 增强层厚度；

$\quad\quad l_0$ ——形核阶段的 NbC 厚度，与热处理结束后 NbC 增强层的厚度相比，形核阶段的厚度可以忽略，即 $l_0 \approx 0$。

因此，增强层中 C 浓度与增强层厚度的线性关系可表示为：

$$c_{NbC}[x(t)] = c_{high}^{NbC} + \frac{c_{low}^{NbC} - c_{high}^{NbC}}{l}x \tag{3-58}$$

对于以上扩散模型，提出如下假设：

（1）NbC 增强层的生长动力学是由 C 扩散所控制的；

（2）NbC 增强层的生长是由于 C 在垂直于界面方向的扩散引起的；

（3）NbC 在经过一段的孕育时间后开始形核；

(4) NbC 增强层的厚度远小于试样的厚度;

(5) 忽略相转变过程中的体积变化;

(6) NbC 增强层中的 C 浓度不随时间变化;

(7) C 扩散过程中其余合金元素的扩散忽略不计。

NbC 增强层和 Nb 板界面的质量平衡方程示意图如图 3-18 (b) 所示,其表达式如下:

$$\frac{c_{\text{low}}^{\text{NbC}} - 2c_0 + c_{\text{high}}^{\text{NbC}}}{2} dx \big|_{x=l} = J_1(x=l) dt_l - J_2(x=l+dl) dt_l \qquad (3-59)$$

式中,c_0 为铌板中的碳浓度;$c_0 = 0$;J_1、J_2 为通量,根据菲克第一定律 $J = -Ddc/dx$,$J_2 = 0$。

因此,式 (3-59) 可表示为:

$$\frac{c_{\text{low}}^{\text{NbC}} + c_{\text{high}}^{\text{NbC}}}{2} \frac{dl}{dt_l} = D_{\text{NbC}} \frac{c_{\text{high}}^{\text{NbC}} - c_{\text{low}}^{\text{NbC}}}{l} \qquad (3-60)$$

或

$$\frac{dl}{dt_l} = 2D_{\text{NbC}} \frac{c_{\text{high}}^{\text{NbC}} - c_{\text{low}}^{\text{NbC}}}{(c_{\text{low}}^{\text{NbC}} + c_{\text{high}}^{\text{NbC}})l} \qquad (3-61)$$

$l^2 = k_{\text{NbC}}^2 t_l = k_{\text{NbC}}^2 (t - t_0^{\text{NbC}})$ 是式 (3-61) 的一个特解,其中,k_{NbC} 为生长速率常数;t_l 是生成厚度为 l 的 NbC 增强层所需的时间;t 为热处理时间;t_0^{NbC} 为 NbC 的孕育时间,与热处理温度相关。

在两步热处理中 t_0^{NbC} 是定值,因为 NbC 的形核阶段发生在第一步热处理过程中,这一步热处理的温度恒定为 1150 ℃。从式 (3-61) 可以推导得到 D_{NbC}:

$$D_{\text{NbC}} = k_{\text{NbC}}^2 = \frac{c_{\text{low}}^{\text{NbC}} + c_{\text{high}}^{\text{NbC}}}{4(c_{\text{high}}^{\text{NbC}} - c_{\text{low}}^{\text{NbC}})} \qquad (3-62)$$

NbC 增强层厚度与热处理时间的关系如图 3-19 (a) 所示,图中直线斜率表示生长速率常数 k_{NbC}^2,直线与横轴的截距表示 NbC 增强层的形核孕育时间 $t_0^{\text{NbC}} = 20 \text{ s}$。结合式 (3-62) 和图 3-17 (a) 中的实验结果可以计算得出在每个温度下 C 在 NbC 中的扩散系数 D_{NbC}。扩散系数的平均值与热处理温度的关系 (见图 3-19 (b)) 可以用 Arrhenius 方程表示:

$$D_{\text{NbC}} = 1.23 \times 10^{-4} \exp\left(-\frac{98.59}{RT}\right) \qquad (3-63)$$

如式 (3-63) 所示,扩散激活能 (98.59 kJ/mol) 和指前常数的大小都受到反应物的化学组成的影响,同时,该实验中制得的 NbC 增强层的扩散激活能的计算方法在此类研究中尚未见报道。表 3-6 列举了不同学者关于 NbC 生长动力学的研究结果,不同文章报道的 NbC 的扩散激活存在较大差异,对比表中数据不难发现,本书获得的 NbC 扩散激活能的实验数值比文献报道的实验数值小,出

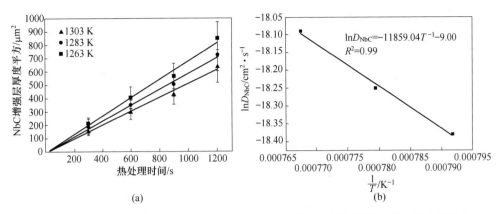

图 3-19 NbC 增强层厚度平方与热处理时间的关系（a）和碳原子扩散系数与热处理温度的关系（b）

现这一现象的原因可以归结如下：在第一步热处理过程中（1150 ℃ 保温 2 min），灰铸铁和铌板分别处于液、固两相。因此，反应体系为液、固两相共存体系，分布在熔融基体中的片状石墨表面的 C 更加活跃，更加容易向铌板表面扩散。除此之外，熔融的灰铸铁不仅有助于扩散传质，也促进铌原子的微量溶解，该温度虽然没有达到铌板的熔点，熔融的金属基体使得铌板表面部分区域的原子活性提高，促使铌板中晶格上的原子振动加剧。因此，基体中向外扩散至表面的 C 原子很容易与界面处铌板自由表面 Nb 原子结合进行晶格重组形成 NbC。

表 3-6　文献中通过不同方法获得的扩散激活能

温度/K	$Q/kJ \cdot mol^{-1}$	方法	文献
1073~1773	164	磁控溅射	52
1168~1567	151	14C 追踪	53
2173~2573	158	扩散对	54
1173~1373	122	热反应沉积	28
1263~1303	98.59	原位合成	本书

通过评估随着热处理温度和时间变化的 NbC 增强层的厚度验证了通过扩散模型得到的 NbC 生长动力学的正确性。如图 3-17 所示，1283 K 保温 5 min、10 min、15 min、20 min 的组织，结合式（3-62）通过扩散模型推导得到的 NbC 增强层厚度的表达式：

$$l = k_{NbC}(t - t_0^{NbC})^{1/2} = 2\left[\frac{D_{NbC}t(c_{high}^{NbC} - c_{low}^{NbC})(1 - t_0^{NbC}/t)}{c_{low}^{NbC} + c_{high}^{NbC}}\right]^{1/2} \quad (3-64)$$

在实验热处理条件范围内，通过式（3-64）推导得到的计算结果与实验结果有很好的一致性，见表 3-7。NbC 增强层厚度与热处理参数的关系图以等高线形式呈现，如图 3-20 所示，通过厚度方程和等高线可以更直观地通过热处理参数的设定达到增强层可控制备的目的。

表 3-7 1283K 保温不同时间所得的 NbC 增强层厚度的实验值与模型计算值

保温时间/s	预估 Nb 增强层厚度/μm	实验 Nb 增强层厚度/μm
300	12.86	13.74±2.0
600	18.56	17.77±1.6
900	22.88	22.48±1.6
1200	26.51	26.29±2.3

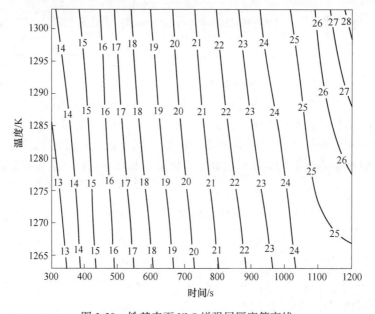

图 3-20 铁基表面 NbC 增强层厚度等高线

根据同样的实验设计和研究思路也研究了 NbC 增强层在不同温度 T 时厚度与时间的抛物线关系。拟合得出生长速率常数 K 随着温度而变化，在 1070 ℃，1100 ℃和 1130 ℃分别为 $1.84×10^{-9}$ cm^2/s，$2.26×10^{-9}$ cm^2/s 和 $2.57×10^{-9}$ cm^2/s。通过 $\ln K$ 与 $1/T$ 的线性关系可以计算出 Q 为 86.01 kJ/mol[132]。与 TaC 相比，Q 明显减小，相比 TaC 的生成，在 Fe-C-Nb 体系中生成 NbC 所需的能量较小。

体系中扩散激活能取决于扩散机理，当原子或离子的扩散以间隙机制进行时，由于晶体中间隙原子浓度往往很小，因此，实际上间隙原子所有邻近的间隙位都是空着的。相比空位扩散活化能（由形成能和空位迁移能两部分组成），间隙扩散活化能只包括间隙原子迁移能[133]。因此，间隙扩散时可供间隙原子跃迁的位置的概率较高，相应的扩散激活能较小。而 TaC 和 NbC 的生成正是 C 原子间隙扩散的主导机制。综上分析可知：Fe-C-Ta 和 Fe-C-Nb 体系两种体系中热力学计算和动力学分析是一致的，可相互印证。体系中热力学和动力学的研究都是原位生成增强层的重要理论支撑，为形成机制的研究奠定了基础。

本节主要从热力学和动力学两个方面对 TaC 和 NbC 增强层形成时各体系中所涉及反应发生的可能性进行了判定，建立了增强层厚度与热处理时间和温度的经验公式，为这两种增强层的可控制备奠定了基础。

（1）通过假设，建立了 Fe-C-Ta 热力学模型，推导体系中所涉及反应的吉布斯自由能函数，确定反应能否进行，并对反应物的稳定性进行判断。Fe-C-Ta 体系中 Ta_2C 和 TaC 的吉布斯自由能总存在 $\Delta G_{Ta_2C} < 0$ 和 $\Delta G_{TaC} < 0$，但是在 1172 ℃ 附近 $\Delta G_{Ta_2C} < \Delta G_{TaC}$，因而在反应初期形成 Ta_2C 的趋势较大。综合实际反应和动力学可知，体系中最终产物为 TaC。

（2）建立 Fe-C-Nb 热力学模型后推导得出体系中所涉及反应的吉布斯自由能函数，计算结果表明：$\Delta G_{NbC} < 0$ 而 $\Delta G_{Nb_2C} > 0$，因此在该体系中 Nb 和 C 更易形成 NbC。

（3）通过大量实验统计得出 TaC 增强层的生长符合经典的抛物线理论。拟合得出实验温度下增强层生长的速率常数分别为 $K_{Cal.1} = 6.09 \times 10^{-8}\ cm^2/s$、$K_{Cal.2} = 1.57 \times 10^{-7}\ cm^2/s$、$K_{Cal.3} = 3.94 \times 10^{-7}\ cm^2/s$ 和 $K_{Cal.4} = 9.66 \times 10^{-7}\ cm^2/s$，并推导得到生长速率常数的理论计算公式为：

$$K = \exp(50.105) \times \exp\left(-\frac{Q}{RT}\right)$$

体系中 TaC 增强层的生长激活能为 770.04kJ/mol，推导得出 TaC 增强层厚度与保温温度和时间的函数关系为：

$$y = 7.59 \times 10^{10} \times \sqrt{t \times \exp\left(-\frac{92617}{T}\right)}$$

从而实现增强层简单有效可控制备。

4 原位制备 TaC、NbC 增强层的组织演变及形成机制

金属板/基体-原位反应法制备梯度增强层的力学性能与组织形貌和物相结构密切相关，如增强层的厚度、增强相的大小、分布和体积分数等。这些都由实验过程中的工艺参数所决定。不同工艺参数下组织结构不尽相同，从而表现出各异的力学性能以适用于不同的工况条件。一般来说，随着硬质增强相体积分数的提高，复合层的硬度值会相应提高，则抵抗外界载荷的能力提高。因而有必要深入研究原位反应过程中温度和时间对增强层结构组织和物相组成的影响。

本章重点研究了不同工艺参数下制备得到的 TaC 和 NbC 增强层，系统研究增强层的组织结构特点。通过分析不同保温时间下表面增强层的组织变化及增强相颗粒的形态、尺寸和分布，研究了铁基表面 TaC、NbC 增强层的形成机理。结合第 3 章的热力学和动力学研究，初步实现 TaC、NbC 增强层的可控制备。

4.1 原位生成 TaC 增强层的组织演变及界面研究

TaC 陶瓷层的形成过程可分为 3 个阶段，TaC 陶瓷层原位反应过程示意图如图 4-1 所示。第一阶段为界面处存在"包状"组织，连续的原位反应区尚未生成；第二阶段连续原位反应区形成，并开始形成连续的 TaC 陶瓷层；第三阶段为 TaC 陶瓷层呈波浪式向前推进并最终均匀一致地形成于灰铁表面，直至界面附近的石墨相消耗完毕或者基体中 C 原子不足以长程扩散至反应区发生原位反应。

钽板中的 Ta 元素与石墨中的 C 元素原位反应形成 TaC，并逐步形成"包状"的初始反应区，如图 4-1（a）所示，TaC 陶瓷颗粒属于面心立方晶体结构，而 C 原子的尺寸比面心立方中的八面体的间隙尺寸小，所以 C 原子作为溶质原子会以从一个晶格中间隙位置迁移到另一个间隙位置的方式在晶体中扩散，初生的 TaC 颗粒聚集在初始反应区内，扩散并不明显，TaC 陶瓷颗粒开始形核并长大。随着反应的进行，初始反应区扩张，相邻的初始反应区相互连接融合，逐步形成完整的层状组织，如图 4-1（b）所示，此时金属钽板与灰铁基体被初生层状 TaC 组织隔开无法接触，Ta 原子在扩散的时候，会被已形成的紧密团聚的 TaC 陶瓷颗粒所阻碍，从而使得可以通过扩散到达基体表面的 Ta 原子大量减少。所以基体中其他的 C 原子在化学势梯度的作用下会穿过熔融态的 ［TaC］与最近的 Ta 原

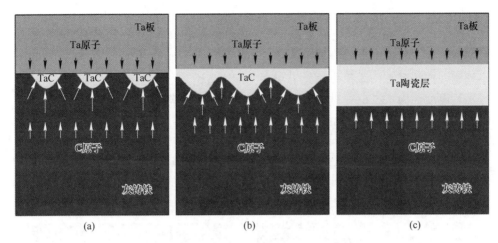

图 4-1　TaC 陶瓷层原位反应过程示意图

子发生化合反应，C 原子的原子半径比 Fe 与 Ta 要小，在基体及致密层中的扩散机制为间隙扩散，其扩散速率比 Fe 原子与 Ta 原子快 3~4 个数量级[56]。因此，在靠近钽板的地方，TaC 陶瓷颗粒形核率远高于靠近基体的地方。初生的 TaC 颗粒在浓度梯度的作用下不断扩散，界面处的反应速率与 TaC 扩散速率达到平衡，最终形成厚度较为稳定的 TaC 陶瓷层，如图 4-1（c）所示，其生长机理为以 C 原子间隙扩散为主导作用的原位反应。

4.1.1　TaC-Fe 梯度复合增强层的组织形貌与物相分析

1172 ℃保温 40 min 后 TaC 陶瓷梯度复合材料横截面的宏观组织形貌如图 4-2 所示。由 Smile View 测量软件多次求平均值可得 TaC-Fe 梯度增强层的总厚度约

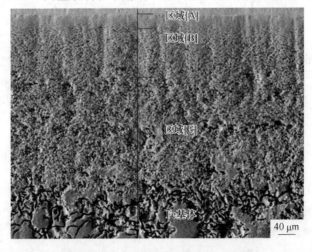

图 4-2　TaC-Fe 梯度增强层的宏观形貌

为 475 μm。从图 4-2 中可以看出梯度增强层各区域间无明显界面，结合良好。

　　结合图 4-2 和图 4-3 可知，根据 TaC 陶瓷颗粒的尺寸变化及体积分数梯度减小可沿钽板法向将增强层分为 3 个区域：[A] 区平均厚度为 35 μm，TaC 颗粒细小均匀、连接紧密，体积分数大于 95%，即为微纳米结构 TaC 致密陶瓷区；[B] 区平均厚度约为 135 μm，与区域 [A] 相比 TaC 颗粒长大，呈现规则的"方糖"状，体积分数为 95%~90%，组织中有少量的铁素体存在，故定义此层为微米 TaC 陶瓷区；[C] 区平均厚度约为 305 μm，TaC 颗粒开始分散并镶嵌于珠光体基体中，体积分数从 90% 逐渐过渡至基体，即 TaC 陶瓷颗粒与基体的复合区。梯度增强层中 TaC 颗粒体积分数的梯度减小及尺寸的逐级增大在各区域 SEM 的放大照片中很容易观察到。

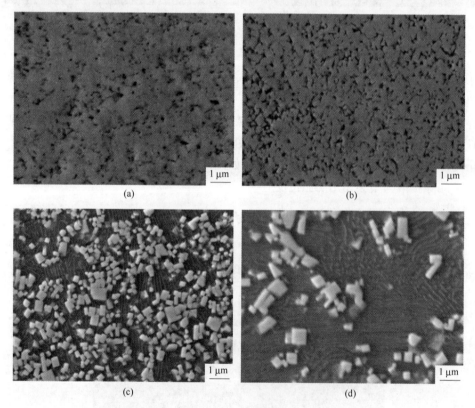

图 4-3　TaC-Fe 梯度增强层各区域形貌放大
(a) 微纳米结构 TaC 致密陶瓷区 [A]；(b) 微米 TaC 陶瓷区 [B]；(c) (d) TaC 颗粒复合区 [C]

　　为了进一步确定 TaC 陶瓷颗粒增强的梯度复合层中各区域的产物和增强体的尺寸，对各区域进行了透射分析，结果如图 4-4 所示。[A] 区中紧密连接的类球形 TaC 颗粒，平均尺寸约为 200 nm，如图 4-4 (a) 所示；其中所圈区域的选区衍射花样显示，这一区域的反应产物为 fcc 结构 TaC。图 4-4 (b) 中 [B] 区中

TaC 晶粒尺寸为 200~500 nm，相比［A］区颗粒逐渐由类球形长成立方体或者长方体颗粒；在颗粒间隙开始出现少量的铁基体；插图中高亮且规则排列的选区衍射花样表明［B］区中颗粒同样为 fcc 结构 TaC。从图 4-4（c）中［C］区的透射电镜照片和选取衍射花样可以看出："方糖"状微米结构的 TaC 颗粒弥散分布在基体中，颗粒和基体界面没有缺陷，颗粒最大尺寸不超过 800 nm。图 4-4（d）为基体中片层状珠光体结构。综合分析可知：沿表面到基体，TaC 颗粒逐渐增大，颗粒体积分数逐渐减小。

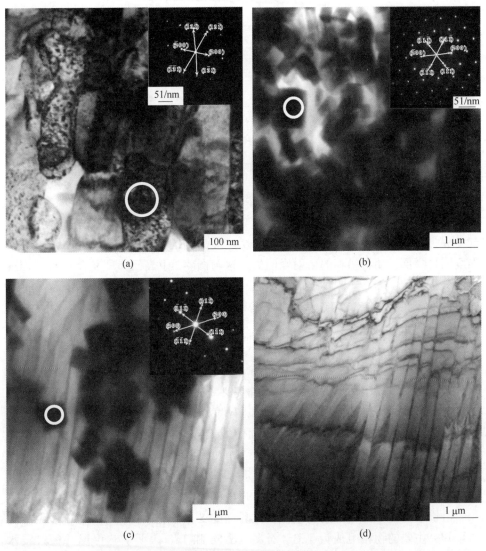

(a)　　　　　　　　　　　　　(b)

(c)　　　　　　　　　　　　　(d)

图 4-4　TaC-Fe 梯度增强层各区域的 TEM 照片及选区衍射

(a)［A］区；(b)［B］区；(c)［C］区；(d) 基体区

沿表面法线方向逐层打磨可获得 TaC 陶瓷增强的梯度复合层中各区域的 XRD 图谱，如图 4-5 所示：其主要由 α-Fe，TaC 和石墨相组成，而并不存在 Ta$_2$C 和 Fe-Ta 中间相，这与上述各区域的选区衍射花样结果分析一致。

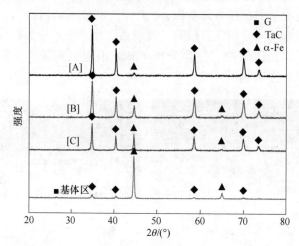

图 4-5   TaC-Fe 梯度复合增强层各区域的 XRD 图谱

沿增强层厚度方向 XRD 图谱变化主要表现在：（1）从表面到基体，TaC 峰值逐渐减弱，即 TaC 陶瓷颗粒含量从表面到基体逐渐减少，呈现梯度分布。（2）从基体到表面，α-Fe 在 2θ 为 44.673° 和 65.021° 的（110）和（200）峰值强度明显降低，而石墨相的衍射峰消失。这与图 4-2 中表面梯度复合材料的宏观形貌分析一致。（3）从基体到表面，石墨相的峰逐渐消失，这是由于越靠近表面，Ta 原子越为充裕，与扩散迁移来的 C 原子充分反应生成了 TaC。

4.1.2   高体积分数微纳米结构 TaC 增强层的组织形貌与物相分析

4.1.2.1   HVF 微纳米结构 TaC 增强层截面的组织形貌与物相分析

1135 ℃ 加热保温 5 min 后，HVF 微纳米结构 TaC 增强层与基体界面形貌如图 4-6（a）所示，增强层厚约为 20 μm，厚度均匀，致密度高，连续性好，在基体表面形成完整覆盖增强层。结合界面的线扫描分析如图 4-6（b）所示：界面是由 C、Ta 和 Fe 共 3 种元素组成，C 元素有从基体向钽板扩散的趋势，Ta 元素含量从钽板到基体有轻微的降低。这表明基体中 C 元素与钽板中的 Ta 元素都发生了扩散迁移，这样的扩散迁移是 TaC 形成的前提。

沿钽板法向 TaC 增强层与基体及其界面的 X 射线衍射图谱如图 4-7 所示。由图可知，主要的物相组成为 TaC、石墨、α-Fe 和 Ta，表明加热保温并经过浸水冷却处理后，增强层为高体积分数 TaC 陶瓷颗粒的致密聚集。而基体组织仍为 α-Fe 和石墨两相组成，还包括热处理过程中没有完全反应的钽板。

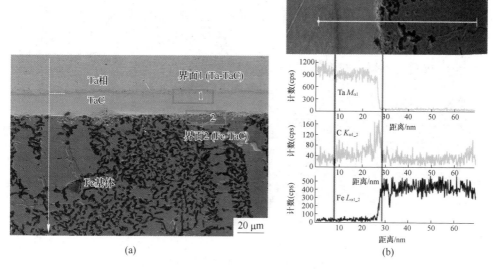

(a)　　　　　　　　　　　　　(b)

图 4-6　1135 ℃保温 5 min 所得 HVF 微纳米结构 TaC 增强层

（a）样品截面的组织形貌的 SEM 照片；（b）沿直线的线扫描及 Ta、C 和 Fe 各元素的分布曲线

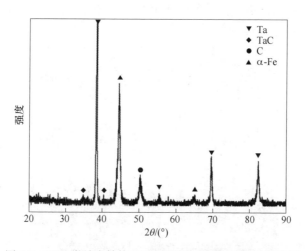

图 4-7　HVF 微纳米结构 TaC 增强样品横截面的 XRD 分析

进一步利用 TEM 对增强层截面微观组织分析可知，由于加热过程中有一定温度梯度存在，沿钽板法向，TaC 的形核和长大具有明显的取向性；图 4-8（b）是对图 4-8（a）选区衍射所得花样标定分析，与标准 PDF 卡片中纯 TaC 的晶格参数对比可知，该晶粒是空间群为 $Fm\overline{3}m(225)$ 的岩盐结构 TaC。

4.1.2.2　HVF 微纳米结构 TaC 增强层表面的组织形貌与物相分析

HVF 微纳米结构 TaC 增强层表面形貌 SEM 照片如图 4-9 所示，增强层表面平整，颗粒细小均匀；其中黑色小孔洞是在 4% 硝酸酒精腐蚀下，存在于颗粒间

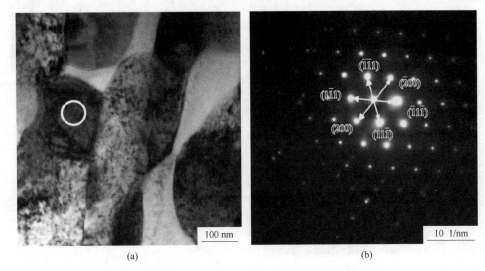

(a)　　　　　　　　　　　　(b)

图 4-8　HVF 微纳米结构 TaC 增强层横截面组织

(a) TEM 照片；(b) 图 (a) 中某一晶粒的 SAED

隙的铁素体溶解掉落所形成的凹坑。经 IPP 测定计算可知，陶瓷颗粒的体积分数约为 96%，为近完全陶瓷增强层。

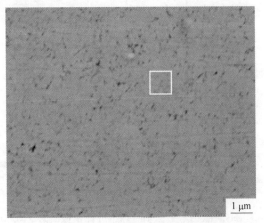

图 4-9　HVF 微纳米结构 TaC 增强层表面形貌

　　图 4-10 (a) 为 HVF 微纳米结构 TaC 增强层表面的能谱结果，表明生成物主要由 C 原子和 Ta 原子组成，其中含有少量由基体扩散出来的 Fe 原子。HVF 微纳米结构 TaC 增强层表面的各元素分布的面扫描结果如图 4-10 (c)~(e) 所示，其中图 (c)~(e) 分别为陶瓷表面 Ta、C 和 Fe 元素的映射分布，对比可知其中 Ta 元素最多，C 元素次之，而 Fe 元素相对最少。

　　结合 TaC 增强层表面的 XRD 图谱（见图 4-11），对比标准的 PDF 卡片分析可

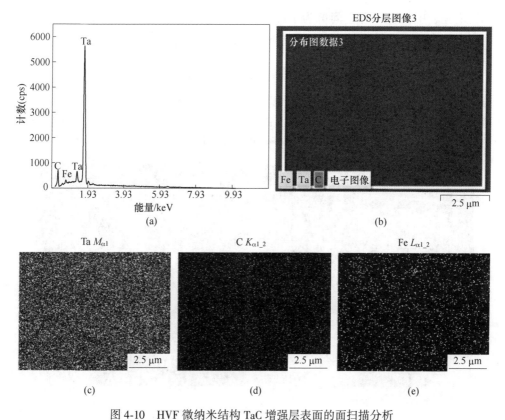

图 4-10　HVF 微纳米结构 TaC 增强层表面的面扫描分析

（a）HVF 微纳米结构 TaC 增强层表面能谱结果；（b）面扫描分析；（c）Ta 元素；（d）C 元素；（e）Fe 元素

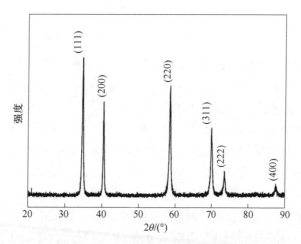

图 4-11　HVF 微纳米结构 TaC 增强层表面的 XRD 分析

知，增强层中仅包含有空间群为 $Fm\bar{3}m$（225）的面心立方结构 TaC，无其他杂相产生。由于表面铁含量少于仪器检测的最小量，在谱图中并未出现 α-Fe 的衍射峰。

为了进一步确定增强层表面生成物的微观形貌和物相结构，对其进行了 TEM 分析，从组织形貌的 TEM 照片中可以看出：晶粒细小，连接紧密；这种类球形或近多边形颗粒的直径为 180 nm±20 nm。对图 4-12（a）圈中颗粒进行选区衍射分析，从规整明锐的衍射花样的标定可知，该晶粒为面心立方结构 TaC。

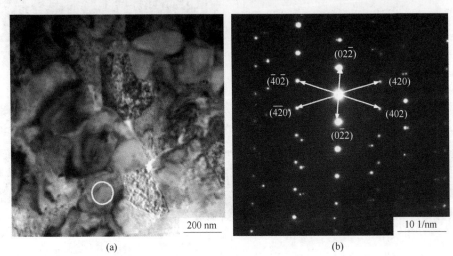

(a)   (b)

图 4-12　HVF 微纳米结构 TaC 增强层表面的透射电镜照片
(a) 明场像；(b) 晶粒的选区衍射花样

4.1.3　高体积分数微纳米结构 TaC 增强层的界面特性研究

由于界面分析是研究形成机制的关键，故这一小节利用聚焦离子束定点对 TaC 增强层中两个重要界面：Ta-TaC 界面和 TaC-Fe 基体界面（见图 4-6（a））进行样品的提取和分析。

4.1.3.1　Ta-TaC 界面的 TEM 研究

Ta-TaC 界面样品采用 FIB 定点取样的方法制备，具体过程为：

(1) 在扫描电镜下找到界面位置，如图 4-13（a）所示；

(2) 用离子束大束流在界面位置处，轰击得出约 100 nm 厚的薄区；

(3) 用低电压，小束流继续减薄至电子束透明，如图 4-13（b）所示。

图 4-13（b）中右侧为 HVF 微纳米结构 TaC 增强层，而在减薄之后 TaC 层中出现孔洞，左侧为钽板。从 SEM 图片中可以看出界面较为明晰。

TaC-Ta 界面的 TEM 明场像如图 4-14 所示。从图 4-14 中可以看出 TaC 颗粒的

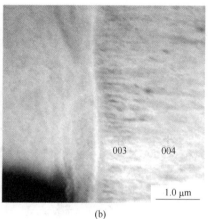

(a)   (b)

元素	能谱3		能谱4	
	质量分数/%	摩尔分数%	质量分数/%	摩尔分数%
C	8.25	49.40	8.20	52.31
Fe	15.87	20.44	9.27	12.73
Ta	75.88	30.16	82.53	34.96

(c)

图 4-13 聚焦离子束定点减薄 Ta-TaC 界面过程的 SEM 照片和能谱分析

（a）减薄前对 Ta-TaC 界面选区；（b）聚焦离子束减薄后的 Ta-TaC 界面；（c）TaC 侧的点能谱分析

生长具有一定的取向性，沿钽板法向呈长条状生长。将这一区域放大，如图 4-15（a）所示，可以明显看出颗粒横向之间存在一定的间隙，在 TaC 颗粒层和钽板之间也存在一条带状的过渡区，过渡区宽约 30 nm。

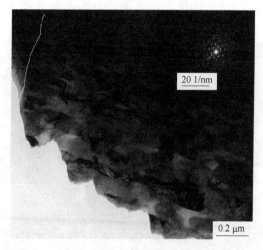

图 4-14 靠近 Ta 板区域 TaC 增强层组织形貌的 TEM 照片

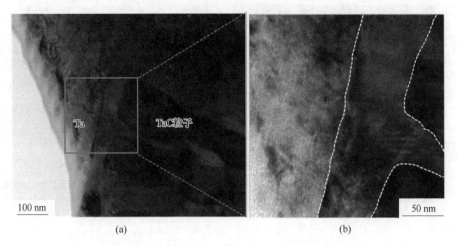

图 4-15　Ta-TaC 界面 TEM 照片（a）及该区域的放大（b）

初步分析可知，这与 C 的扩散方向有关。在加热保温过程中 TaC 生长的主导机制是 C 原子的扩散填充，由于 C 元素浓度梯度的方向为沿钽板法向，使得 TaC 层纵向生长较快。随着加热保温的延长，在这样生长之后，TaC 再横向生长连接在一起。因此，可初步断定 TaC 的生长是：C 持续扩散填充 Ta 的间隙形成 Ta 的碳化物，导致 TaC-Ta 的界面向金属板中推进。界面处 TEM 放大如图 4-15（a）所示，图中衬度较暗的长条状为碳化物的雏形。图 4-15（b）中虚线线对之间为过渡区。

图 4-16（b）为图 4-16（a）中区域 2 中部分的高分辨条纹像，标定发现其晶面间距为 0.23 nm，与 Ta 吻合较好。在过渡区通过样品倾转，将界面附近不同位置的取向分别转正，得到区域 2 位置的高分辨图像如图 4-16（c）所示，为 Ta、C 这两种元素的混合区域。

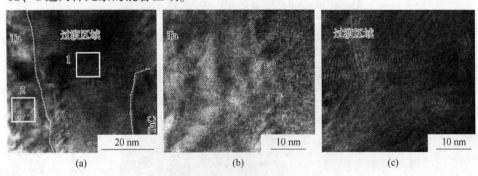

图 4-16　不同区域的高分辨图像

（a）Ta-TaC 界面处；（b）Ta 板区；（c）过渡区

图 4-16 为远离钽板时，TaC 增强层中间区域的晶粒形貌。对比图 4-15（a）和图 4-17（a）可以看出，不同区域中 TaC 陶瓷晶粒形貌、尺寸没有明显差异，均为垂直于界面方向的长条状晶粒。图 4-17（a）为晶粒的明场像，图 4-17（b）为暗场像，可以看出大多数晶粒尺寸长为 200～300 nm，宽为 70～80 nm。

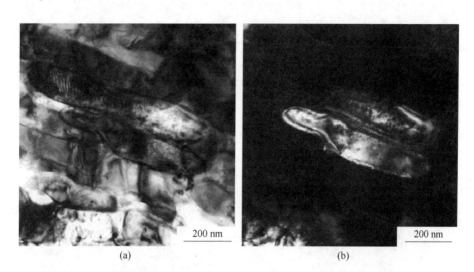

(a)   (b)

图 4-17　HVF 微纳米结构 TaC 增强层中间区域晶粒 TEM 照片

(a) 明场像；(b) 暗场像

4.1.3.2　TaC-Fe 界面样品 FIB 加工

TaC-Fe 界面处利用 FIB 的取样过程的 SEM 照片如图 4-18（a）所示。根据 SEM 照片中的衬度判断，TaC-Fe 界面宽度大约为 100 μm，而 FIB 的理想加工范围在 10 μm 以内，由于 TaC 和 Fe 基体界面处有 Fe 的扩散存在，该区域组织存在梯度变化。图 4-6（a）中界面 2 在靠近铁基体一侧，由于 Fe 基体中充分的 C 原子给 TaC 的长大提供了环境，在这一侧中 TaC 颗粒完全长大。所形成的 TaC-Fe 界面并不像 Ta-TaC 界面那么明晰，用聚焦离子束减薄界面处后在扫描电镜下观察，发现在很宽的范围内均为颗粒弥散分布在另一相中，如图 4-18 所示，故选择含有颗粒的位置进行取样。

TaC-Fe 界面处组织如图 4-19 所示。图中微纳米结构的单个颗粒和基体分别用 A 和 M 表示。从照片中可以看出，颗粒尺寸约为 350 nm，即图 4-17 中的白色颗粒从透射电镜中观察为规则的"方糖"状。图 4-19（c）和（d）分别为方块状颗粒 A 和基体 M 的选区衍射花样。SEAD 的标定表明：A 是空间群为 $Fm\bar{3}m$（225）的

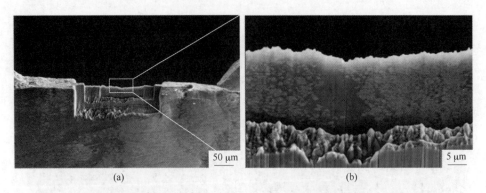

(a)　　　　　　　　　　　　　　(b)

图 4-18　TaC-Fe 界面处 TEM 样品的 FIB 提取过程

（a）FIB 取样过程的 SEM 照片；（b）FIB 最终取样位置

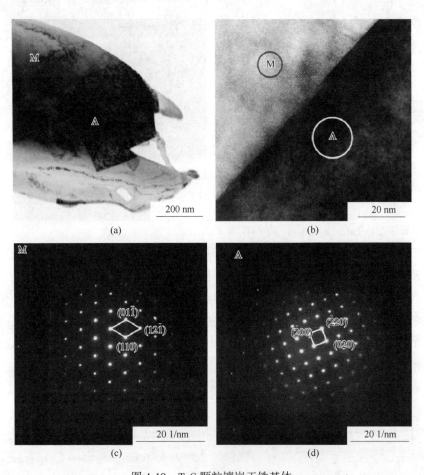

图 4-19　TaC 颗粒镶嵌于铁基体

（a）TaC 颗粒镶嵌于铁基体中的 TEM 照片；（b）TaC 颗粒和基体界面的高分辨；

（c）基体的选区衍射；（d）TaC 颗粒的选区衍射

面心立方结构 TaC，而 M 为体心立方结构的铁。选择颗粒镶嵌在基体中的界面，如图 4-19（a）中类似方形区域，对其进行 HRTEM 观察：可以看到明晰的晶格条纹像，表明颗粒与基体之间直接接触，没有其他产物或过渡相存在，界面洁净光滑，无空隙存在，因此，TaC 颗粒与基体之间属于无化学反应界面。说明增强相 TaC 与基体形成界面时复合得较好，界面为高强结合状态。

4.2 原位生成 NbC 增强层的组织结构

4.2.1 Nb 的组织结构及生产机制

NbC 增强层的形成过程可以分为两个部分，即 NbC 的形成和晶粒的迁移及长大。NbC 增强层的形成主要为：（1）极少量的 Nb 原子扩散至铌板和灰铸铁界面处，和基体中扩散出的 C 原子反应；（2）基体中的 C 直接迁移扩散到铌板中进行填充反应。反应中的 C 原子由灰铸铁基体中的石墨相提供，Nb 原子是由铌板提供，Nb 原子在基体亚表面达到平衡浓度后，NbC 开始在基体表面的位错和晶界处形核。

一段时间的热处理过后即生成了连续的 NbC 层，如图 4-20（b）所示。在这一阶段的 Fe-C-Nb 体系中，C 原子最小，极易扩散。C 的扩散在这一阶段起着主导作用。在原位反应热处理过程中，Nb 原子从铌板表面以空位扩散的方式向基体表面缓慢扩散，C 原子以间隙扩散的方式从基体表面快速地向铌板扩散[49]。同时，也会伴随铁基体溶解渗入，Fe 原子缓慢扩散进入 NbC 层。这与增强层 EDS 检测到 Fe 元素结果相一致。

在热处理过程中，由于 Nb 和 C 不同的扩散机制，在 990~1030 ℃温度范围内，C 的扩散速率远大于 Nb 的扩散速率，因此在这一过程中 Nb 的扩散可以忽略。NbC 层表面 C 和 Nb 的不断反应促进了 NbC 层厚度的不断增加，最终在基体表面形成较为致密的 NbC 增强层。

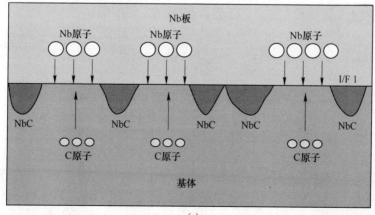

(a)

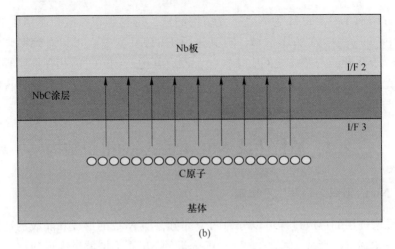

(b)

图 4-20 原位合成铁基表面 NbC 增强层原理示意图

(a) C 原子与 Nb 原子双向扩散；(b) C 原子迁移扩散

NbC 增强层的形成过程中，随着反应时间的推移，表层的 NbC 会脱离铌板，逐渐向铁基体迁移，在迁移的过程中则伴随着颗粒的长大。晶体长大主要为奥斯瓦尔德熟化机制和取向连接生长机制。

(1) 奥斯瓦尔德熟化机制。熔体中第二相晶体颗粒存在着大量的界面，颗粒越小，其表面能就越大，具有较高的化学势，体系为了降低界面能，这些微小的粒子会逐渐溶解在体系中，而这些小颗粒的周围具有更高的溶质浓度，大颗粒周围的溶质浓度较低，如图 4-21 所示。不同粒度的粒子周围这种浓度梯度会促使溶质不断地从小颗粒周围向大颗粒迁移，在大颗粒表面析出，最终的结果是小颗粒不断消失，大颗粒不断长大，这一过程的驱动力即为脱溶相粒子前后自由能之差，这种晶粒长大的方式称为奥斯瓦尔德熟化机制，图 4-22 为奥斯瓦尔德熟化机制的晶粒长大示意图。此种机制主要适合于较大粒子的生长，通过奥斯瓦尔德熟化机制生长的颗粒具有外形呈圆形和边缘圆滑的特征[134]。

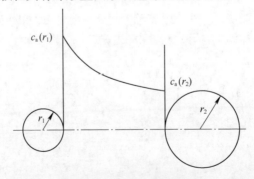

图 4-21 颗粒相周围溶质浓度和颗粒直径关系图

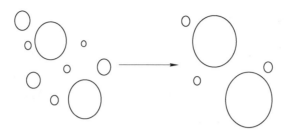

图 4-22 奥斯瓦尔德熟化机制晶粒长大示意图

原位生成的 NbC 颗粒最初会有亚微米和纳米级粒子，呈大小相间的分布，由于材料晶粒越小，表面能越大，晶粒的长大驱动力越大，随着反应时间的推移，颗粒在迁移的过程中微小粒子会逐渐地消失，并且大颗粒会不断长大，以降低表面能，最终在颗粒分散层会形成微米级颗粒，这一过程符合奥斯瓦尔德熟化机制。

（2）取向连接生长机制。取向连接生长机制不以溶质的溶解和析出为基础，它是以体系中的原始粒子为基础单元构成较大的粒子，主要适用于较小微粒的生长，特别是已成为纳米粒子的主要生长机制[135]。取向连接生长过程如图 4-23 所示，由图中可以看出，在同一区域相近的晶粒通过连接生长，结合为形状不规则的大晶粒，此种方式的晶粒生长包括晶粒的迁移、连接、连接处晶界融合消失等过程。纳米粒子在溶液中扩散和迁移的过程中，当两个粒子发生碰撞时，在晶格取向一致的情况下就会直接连接在一起，定向附着生长，形成新的二级晶粒，若取向不一致，则粒子通过旋转促使取向一致，消除晶界，合并长大，也会有一些粒子无法融合，会继续分开，通过不断碰撞与旋转实现晶粒连接长大，通过这种方式生长的颗粒会形成多种不同的形状，晶粒内部往往会存在一些缺陷，当达到平衡水平时，颗粒不再长大[136]。本书中的 NbC 颗粒长大也可以观察到存在取向连接生长机制，如图 4-24 所示，图中方框位置即为两个 NbC 粒子在迁移过程中，取向一致而连接在一起，形成新的具有不规则形状的大颗粒。

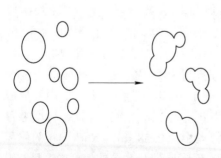

图 4-23 晶粒取向连接生长机制

1 μm

图 4-24 晶粒取向连接生长

4.2.2　NbC-Fe 梯度复合增强层的组织形貌与物相分析

1175 ℃加热保温 1 h 制备可得 NbC 增强的铁基表面梯度层。试样横截面的 XRD 图谱如图 4-25 所示，主要物相组成为：α-Fe、NbC、石墨，无其他杂相生成。由于 XRD 测试是沿着金属板法向，所以铁基体三强峰值较高。

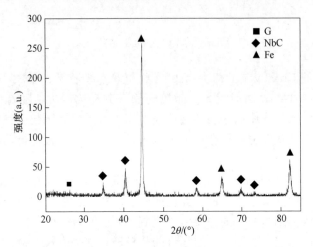

图 4-25　NbC-Fe 梯度复合增强样品横截面的 XRD 图谱

NbC-Fe 梯度增强层截面显微组织的 SEM 照片如图 4-26（a）所示。由于在共晶点温度保温，保温时间较长，Fe 基体为熔融状态，NbC 颗粒间铁基体的扩散渗入明显，整个反应层厚约为 1.36 mm。图 4-26（b）和（c）分别为图 4-26（a）中的 Nb-NbC 界面（M1）和近基体区域（M2）的放大。由图 4-26 综合分析可知：沿表面到基体，NbC 颗粒的体积分数逐渐降低；在与基体接触的 M2 区域，颗粒呈弥散分布。这一区域与基体之间的扩散过渡明显，无组织突变。

根据亚表层组织变化可将整个梯度复合层分为 4 个区域：NbC 致密陶瓷区 [A]；NbC 颗粒局部聚集区 [B]；NbC 颗粒与基体复合区 [C]；近基体区 [D]。图 4-27 为 4 个区域典型组织的放大图。由图 4-27（a）可以看出：NbC 颗粒致密陶瓷区 [A] 为类球形的微纳米结构 NbC 颗粒组成的近致密陶瓷区，颗粒大小在 50～230 nm 之间，NbC 颗粒的体积分数为 88.89%，这一区域厚度约为 30 μm。[B] 为 NbC 颗粒局部偏聚区，其中细小的 NbC 颗粒聚集在层内并形成偏聚微区，由于这一区域中基体逐渐增多，因此呈现出陶瓷微区与铁基体交替存在的层状结构；其总体厚度约为 60 μm，颗粒大小为 0.58 μm，NbC 颗粒的体积分数为 45.76%，从图 4-26（b）中可以看出铁素体与 NbC 颗粒的偏聚微区呈波浪分布。[C] 层中 NbC 颗粒逐渐均匀分布，不再有 [B] 层中局部偏聚的交替排布

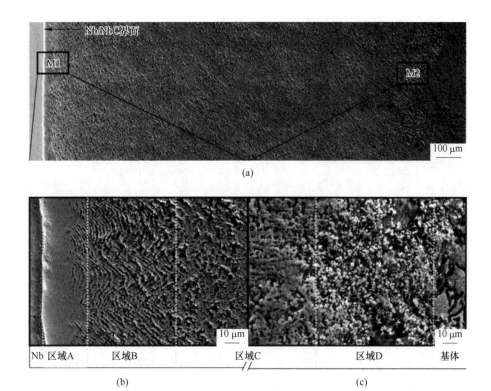

图 4-26 NbC-Fe 梯度增强层的横截面

（a）横截面的形貌 SEM 照片；（b）靠近 Nb/NbC 界面处 NbC-Fe 梯度增强层 M1 区域放大；
（c）靠近基体一侧 NbC-Fe 梯度增强层 M2 区域放大

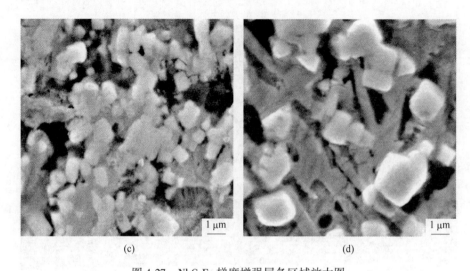

图 4-27　NbC-Fe 梯度增强层各区域放大图

（a）NbC 致密陶瓷区 ［A］；（b）NbC 颗粒局部聚集区 ［B］；（c）NbC 颗粒弥散分布区 ［C］；

（d）近基体区 ［D］

现象；这一区域的厚度约为 1. 19 mm，颗粒大小为 0. 918 μm，NbC 颗粒的体积分数为 46. 63%。靠近基体区域 ［D］ 中，NbC 颗粒和熔融铁基体的相互作用，NbC 颗粒长大的同时更加分散，这一层厚度为 80 μm，颗粒大小为 1. 46 μm，NbC 颗粒的体积分数从 23. 25% 到 0。NbC-Fe 复合增强层各区域 NbC 陶瓷颗粒的尺寸、体积分数及各区域厚度等相关参数，具体见表 4-1。

表 4-1　不同区域颗粒分布状态特征

区域	平均直径/μm	体积分数/%	平均显微硬度（$HV_{0.05}$）	区域厚度/μm
［A］	0. 213	88. 89	1508	30
［B］	0. 580	45. 76	964	60
［C］	0. 918	46. 63	1006	1190
［D］	1. 46	23. 25	724	80

通过场发射高分辨透射电镜对最表层微纳米结构 Nb 的碳化物的形貌和物相结构进行深入分析可知：多边形的颗粒为面心立方结构 NbC，颗粒与颗粒之间紧密相连，平均晶粒尺寸为 255. 42 nm±38. 36 nm，如图 4-28 （a）（b）和 （d）所示。

图 4-28 （c）是透射电子束平行于 NbC 晶粒 ［012］ 晶带轴方向的高分辨照片。根据明暗色差对比将晶面间距进行统计。利用公式 $d = L/(N-1)$ （其中，d 为晶面间距；L 为所选范围的长度；N 为统计的晶面个数）计算出晶面间距为

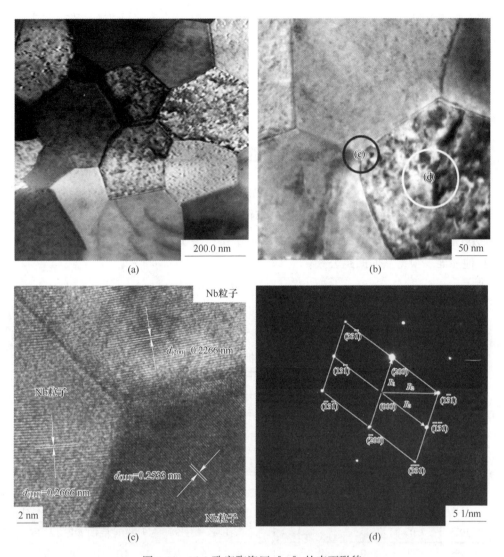

图 4-28 NbC 致密陶瓷区［A］的表面形貌

(a) 微纳米结构 NbC 颗粒的 STEM 照片；(b) 晶粒放大的 TEM 照片；

(c) 晶界的高分辨透射电镜照片；(d) 选区衍射花样

0.254 nm，与 NaCl 型面心立方结构 NbC 的 $d_{(111)}$ = 0.260 nm（平均值）吻合。相邻晶粒的晶面间距为 0.227 nm，与面心立方结构中的 $d_{(200)}$ = 0.227 nm 吻合。

图 4-28 (d) 为图 4-28 (b) 中白色圈所示晶粒的电子衍射花样，用 Smile View 软件分别测量靠近中心斑点的几个斑点至中心斑点的距离 R_1、R_2、R_3，根据 R 与晶面间距 d 的关系 $R = 1/d$，求出相对应的晶面间距 d_1、d_2、d_3，每一个 d 值即为对应晶面族的面间距，故可以根据晶面间距 d 值确定出晶面族指数 $\{h k l\}$，

比对标准 PDF 卡片，则可以由 d_1 查出 $\{h_1k_1l_1\}$，由 d_2 查出 $\{h_2k_2l_2\}$。确定离中心点最近的衍射斑点的指数，若 R_1 最短，则对应的斑点指数是晶面族 $\{h_1k_1l_1\}$ 中的一个，然后测定各衍射斑点之间的夹角 ϕ，第二个斑点是晶面族 $\{h_2k_2l_2\}$ 中的一个，且必须符合角度夹角公式：

$$\cos\phi = \frac{h_1h_2 + k_1k_2 + l_1l_2}{\sqrt{(h_1^2 + k_1^2 + l_1^2)(h_2^2 + k_2^2 + l_2^2)}} \tag{4-1}$$

随之其他斑点可根据矢量运算法求得。如图 4-28（d）所示，实验测量结果为 $R_1 = 4.55~\text{nm}^{-1}$、$R_2 = R_3 = 7.5~\text{nm}^{-1}$，$\phi_1 = 35.2°$，$\phi_2 = 72.4°$，则 $d_1 = 1/R_1 = 0.22~\text{nm}$，$d_2 = 1/R_2 = 0.133~\text{nm}$，$d_3 = 1/R_3 = 0.133~\text{nm}$。参照 NbC 的标准 PDF 卡片，$R_1$ 对应的晶面族为 $\{200\}$，R_2 对应的晶面族为 $\{311\}$，将 R_1 对应于 $(\overline{2}00)$ 晶面，则 R_2 可为 $(\overline{1}31)$，根据矢量法可得 R_3 为 $(13\overline{1})$，以此类推可得其他晶面。根据晶面间距公式：

$$d_{hkl} = \frac{a}{\sqrt{h^2 + k^2 + l^2}} \tag{4-2}$$

可得出晶格常数与 PDF 卡片（见表 4-2）中一致（误差范围内）。

表 4-2 NbC 标准 PDF 卡片

d/nm	l (f)	l (v)	h	k	l	N^2	2θ/(°)	θ/(°)	$1/(2d)$
0.258	100.0	100.0	1	1	1	3	34.730	17.365	0.1937
0.2235	80.0	92.0	2	0	0	4	40.316	20.158	0.2237
0.158	35.0	57.0	2	2	0	8	58.337	29.169	0.3164
1.347	26.0	50.0	3	1	1	11	69.718	34.859	0.3710
0.129	9.0	18.0	2	2	2	12	73.306	36.653	0.3875
0.1117	12.0	12.0	4	0	0	16	87.139	43.569	0.4474
0.1025	7.0	18.0	3	3	1	19	97.401	48.701	0.4877
0.0999	10.0	26.0	2	2	0	20	100.841	50.420	0.5003
0.0912	7.0	20.0	4	2	2	24	115.179	57.589	0.5480
0.086	6.0	18.0	5	1	1	27	127.121	63.561	0.5812

4.2.3 高体积分数微纳米结构 NbC 增强层的组织结构及物相分析

4.2.3.1 HVF 微纳米结构 NbC 增强层截面的组织形貌与物相分析

1070 ℃加热保温 15 min 后，铁基表面 NbC 增强层截面宏观组织形貌如图 4-29 所示，由图 4-29（a）的 SEM 照片可以看出截面包括未反应完的铌板、原位反应生成的 NbC 增强层和基体。增强层厚度均匀，致密度和连续性都较好，在基体表面形成完整覆盖增强层，其厚度约为 60 μm，NbC 颗粒的体积分数约为 95%。增强层截面（所选区域见图 4-29（a）圈中）的 TEM 照片（见图 4-29（b））表明 NbC 颗粒呈现近球形或是多边形，晶粒的平均尺寸为 235 nm。SAED 结果表明：图 4-29（b）中所套取晶粒为单晶结构的面心立方 NbC。为了观察界面处各元素的分布，对图 4-29（a）中方框区域进行面扫描，结果如图 4-29（c）~（e）所示：界面处有 Nb、C 和 Fe 3 种元素。测试区域中 Nb 和 Fe 元素分布具有区域性，C 元素从基体向板的扩散是均匀的。事实上，也就是加热过程中 C 原子和 Nb 在界面处的聚集相互反应生成 NbC。

图 4-29　HVF 微纳米结构 NbC 增强层的横截面

（a）横截面微观组织 SEM 照片；（b）微观组织 TEM 照片及相应区域的选区衍射花样；
（c）~（e）NbC-Fe 界面的面扫描

经过多次试验和观察，复合材料随反应时间的变化仅体现在材料的厚度变化上，所以本书重点以充分反应 90 min 的试样为研究对象。反应时间为 90 min 的复合材料的宏观形貌如图 4-30 所示，其中图 4-30（a）为复合材料整体形貌，由图可以看出反应区自靠近铌板的区域到铁基体可以分为 3 层：NbC 致密陶瓷层（A 层）、梯度复合层（B 层）、颗粒分散层（C 层）。这 3 个层的 NbC 陶瓷颗粒体积分数依次递减，其中靠近铌板的 NbC 致密陶瓷层的 NbC 体积分数达到了 90%以上。用 Smile View 软件对各层厚度进行测量，NbC 致密陶瓷层厚度约为 60 μm，梯度复合层的厚度为 110 μm，颗粒分散层的厚度大于 200 μm。图 4-30 (b)~(d) 分别为 NbC 致密陶瓷层、梯度复合层、颗粒分散层的宏观组织。由图 4-30 (b)可以看出，NbC 致密陶瓷层的 NbC 颗粒呈细层状分布，层与层之间紧密结合。梯度复合层的 NbC 颗粒依然是层状分布，而层与层之间的间距明显增大，而且间距呈梯度逐渐增大，由图 4-30 (d) 可以看出颗粒分散层 NbC 颗粒体积分数明显下降，已没有层状分布的特点，呈现出弥散分布的状态。

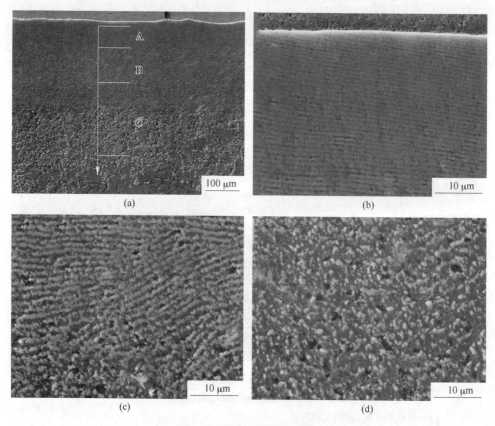

图 4-30 复合材料组织形貌

复合材料 NbC 致密陶瓷层、梯度分布层和颗粒分散层的细观组织照片如图 4-31 所示。由图 4-31 (a) 可以看出致密层颗粒细小且致密，由一层一层致密的晶粒堆积而成，层与层之间几乎无空隙，NbC 陶瓷颗粒粒径达到了 100~200 nm。由图 4-31 (b) 可以看出梯度层的特征组织，层状致密组织之间的间距逐渐增大，甚至大于了致密的层状厚度，而在层与层之间均匀分布着 NbC 晶粒，此处的NbC陶瓷颗粒比致密层状组织中的颗粒更为细小。这种相间分布的结构不仅有陶瓷材料的高强度，而且有基体材料的良好塑韧性，层与层之间分散的陶瓷颗粒可以起到传递载荷与应力，增强层间隙强度的作用，避免了在大的应力下材料沿层状组织间隙断裂失效的现象发生。梯度层NbC颗粒的粒径明显增大，尺寸在200~800 nm之间。颗粒分散区NbC颗粒虽然从宏观上看是均匀分散在铁基体内，但从微观照片4-31（c）来看，这些陶瓷颗粒是由若干个NbC晶粒团聚而形成的，团聚形成的晶粒簇中包含的晶粒数也不相同。

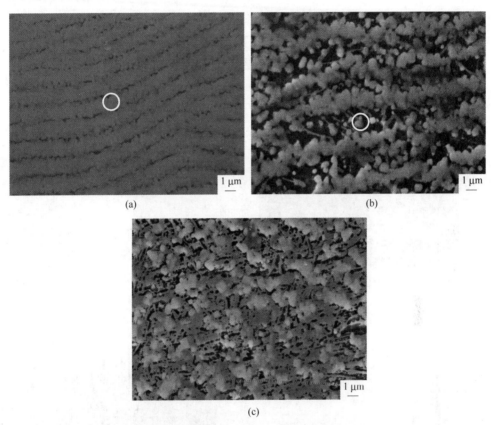

图4-31 复合材料不同区域微观组织形貌

分别对NbC致密陶瓷层和梯度层的颗粒做了点能谱测试，测试结果见表4-3。由测试结果可以看出，测试点的陶瓷颗粒可以检测到3种元素，即Fe、Nb、C元素，Nb原子和C原子的摩尔分数接近1∶1，这就说明各区域不同状态的反应产物均为NbC，测试结果显示还有少量的Fe原子，这就说明反应过程中不仅有C原子向铌板扩散的过程，而且Fe原子也会发生扩散，由于Fe原子较大，扩散时所需的扩散激活能较大，所以只会发生少量的扩散。

表 4-3 反应产物颗粒能谱分析结果

元素	摩尔分数/%	
	测试点 1	测试点 2
C K	51.65	43.93
Fe K	4.52	18.06
Nb L	43.83	38.01
总量	100	100

为了进一步了解整个反应层 NbC 陶瓷的分布状态，对反应区进行了线扫描，测试结果如图 4-32 所示。

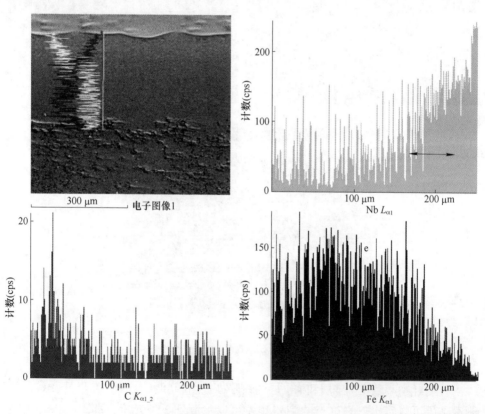

图 4-32 复合材料线扫描图谱

由图 4-32 可以看出，由铁基体到铌板 Nb 元素含量在逐渐升高，与之对应的是 Fe 元素的含量逐渐减少，所以这就证实了这种原位生成的 NbC 陶瓷材料是由铌板到铁基体梯度分布的。反应区的 C 元素分布均衡，这是因为在反应过程中虽然石墨相的 C 元素向铌板扩散，但 C 元素与 Nb 结合生成的 NbC 也同时向反方向的铁基体迁移，所以整个反应扩散区的 C 元素分布并没有较大波动，在铁基体的位置 C 元素含量出现一个峰值，这是由于铁基体内分布大量石墨，峰值正对应于某个片状石墨。由 Nb 元素的分布图可以看出，在靠近铌板的位置 Nb 元素峰非常强，而在图中黑色箭头所示的区域内，Nb 元素的含量都保持在一个高位，这就很好地验证了在靠近铌板的区域，存在一层致密的 NbC 区域，此处的 NbC 含量非常高，接近于纯 NbC 陶瓷层。同时由 Fe 元素的分布也可以看出，Fe 在靠近铌板的位置，即 NbC 致密陶瓷区分布很少，并在整个反应区呈现出与 Nb 元素相对应的反向梯度分布。

材料截面不同层的区域能谱测试结果如图 4-33 所示，其中图 4-33（a）~（c）分别为 NbC 致密层梯度层和分散层的测试结果。从之前的测试结果来看，复合材料区的增强相只有 NbC 一种，所以根据 Nb 原子的含量可以定性比较 NbC 陶瓷颗粒的分布。对比 3 组图谱可以看出，从 NbC 致密层到颗粒分散层 Nb 元素的峰值逐渐减弱，Fe 元素的峰逐渐增强，Nb 原子含量逐渐减少，Nb 的摩尔分数分别为 30.99%、17.6%、9.6%。

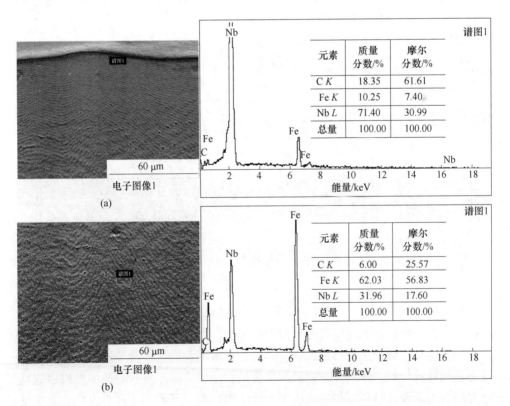

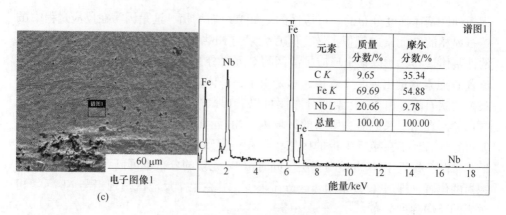

元素	质量 分数/%	摩尔 分数/%
C K	9.65	35.34
Fe K	69.69	54.88
Nb L	20.66	9.78
总量	100.00	100.00

电子图像1

(c)

图 4-33 复合材料区域能谱测试结果

4.2.3.2 HVF 微纳米结构 NbC 增强层表面的组织形貌与物相分析

复合材料 NbC 增强层表面组织形貌如图 4-34 所示，其中图 4-34（a）为宏观形貌，图 4-34（b）为单组环状组织的微观形貌。由图 4-34（a）可以看出，表面 NbC 陶瓷颗粒呈许多同心圆状分布，而且紧密排列，非常致密；从图 4-34（b）中可以看出，NbC 相对致密和疏松的条状组织相间组成，其基本形态是以中心点为基点，逐渐向外顺时针盘旋扩展。

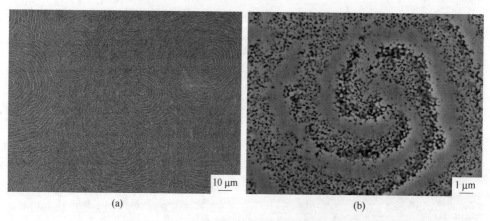

图 4-34 NbC 致密陶瓷层表面组织形貌
（a）宏观形貌；（b）微观形貌

NbC 致密陶瓷层形成如图 4-34 所示这种颗粒排列的形貌是由铸造-热处理原位反应的工艺特殊性和反应温度等因素决定的。在原位反应热处理过程中，铌板与灰铸铁的复合体加热到共晶点后，铸铁处于熔融状态，铁液流动性差，并且温度不是绝对均匀的，铁基体与铌板的反应最初是以许多小点开始的，然后以这些点为圆心逐渐向外蔓延，最后形成整个反应面。而最开始的接触点就成为图中的圆心，铌板与铸铁中的石墨反应生成 NbC，以及生成的 NbC 陶瓷颗粒向铸铁中的迁移几乎是同时进行的，反应过程中，反应界面也向铌板推进，所以最开始那些反应点由于反应时间和陶瓷颗粒的迁移时间较长，反应界面向铌板推进的距离更远，而这些点周围逐渐次之。最后形成的整个反应界面是有许多山丘状凸起的曲面，从表面进行抛光后，平面形貌即为如图 4-34 的同心圆的环状致密组织。这种环状相间的组织有着非常重要的优点，可以提高材料的断裂韧性和塑性变形能力，并且保证材料表面宏观上沿各个方向的性能都是相同的。

　　HVF 微纳米结构 NbC 增强层的表面形貌如图 4-35（a）所示，NbC 颗粒聚集紧密，大小均匀。少量孔洞及缺陷是存在于颗粒间隙的铁素体被硝酸酒精溶液腐蚀所致。图 4-35（b）为 HVF 微纳米结构 TaC 增强层表面的能谱结果，表明生成物主要由 C 原子和 Nb 原子组成，其中含有少量由基体扩散出来的 Fe 原子。HVF 微纳米结构 NbC 增强层表面的各元素分布的面扫描结果如图 4-35（c）~（e）所示，分别为陶瓷表面 Nb、C 和 Fe 元素的映射分布，对比可知，其中 Nb 元素最多，C 元素次之，而 Fe 元素相对最少。增强层表面的点能谱表明，其主要元素组成为 Nb 元素、C 元素以及少量的 Fe 元素。其中 Nb 原子和 C 原子的比值为 Nb : C = 1 : 1.13，这与 NbC 中的 Nb/C 比值接近 1 一致。

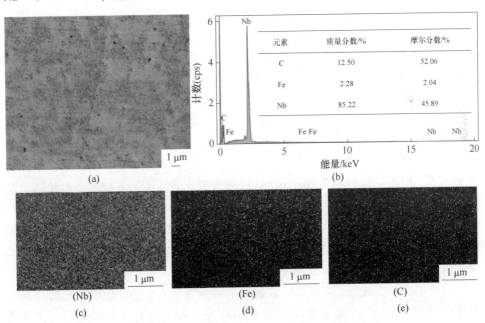

图 4-35　HVF 微纳米结构 NbC 增强层的表面分析

（a）HVF 微纳米结构 NbC 增强层表面的组织形貌；（b）能谱分析；（c）~（e）NbC 增强层表面的面扫描

　　HVF 微纳米结构 NbC 增强层表面的 X 射线衍射图谱如图 4-36 所示。物相分析可知：2θ 为 34.72°、40.32°、58.34°、69.72°、73.31° 和 87.14°的是空间群为 $F\overline{m3m}(225)$ 的面心立方结构 NbC，另外的 3 个小峰则对应 α-Fe，即主要的物相组成为 NbC 和 α-Fe，无其他杂相生成。表明加热保温并经过浸水冷却处理后，增强层表面为高体积分数 NbC 陶瓷颗粒的致密聚集。

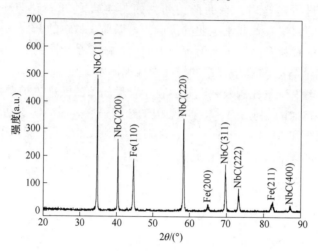

图 4-36　HVF 微纳米结构 NbC 增强层表面的 XRD 分析

将不同热处理条件下所得 TaC 或 NbC 增强表面层的组织结构对比分析可知，无论是 TaC 或 NbC 所形成的 HVF 微纳米结构 NbC 增强层，还是 TaC 或 NbC 增强的铁基表面梯度复合层，在靠近金属板区域的碳化物颗粒都为类球形，而靠近基体区域为"方糖"状。这是由于在靠近金属板附近碳化物的析出形核较多，无论是形变诱导析出还是相变诱导析出，在析出的开始阶段为了降低界面能，将尽量缩小比表面积，并尽量减小单位面积的界面能，因而细小的析出一般都呈球形或类球形。但析出颗粒的尺寸很小意味着较大的比表面积，界面能高，从热力学考虑，这些析出颗粒有长大粗化以减小界面能的趋势。有研究表明[137]析出颗粒的长大是以大颗粒吞并小颗粒的方式进行的，属于典型的奥斯瓦尔德熟化机制。析出颗粒粗化导致析出颗粒数量减少，基体渗入。同时基体晶格的各向异性也会导致析出碳化物沿各方向长大速率的差异，所以，长大后的析出相一般不再呈球形，多数情况下会成长为多面体。在透射电镜下，长大后的碳化物一般呈现为立方体或者长方体，即在靠近基体区域为 NbC 或 TaC 弥散分布的颗粒与基体的复合区。

NbC 致密陶瓷区的透射电镜照片及电子衍射花样如图 4-37 所示，图 4-37 (a) 可以直观反映出 NbC 陶瓷颗粒的粒径在 100~200 nm 之间，颗粒结合紧密，晶粒大小均一。图 4-37 (b) 为 NbC 晶粒的组织放大图，从图上可以看出，NbC

晶粒呈规则的多边形，晶界清晰规整，晶界处没有析出相的产生。图 4-37（c）为图 4-37（b）中箭头所指的晶界的高分辨透射照片，用来表征晶粒内和晶界原子结构。可以看出，晶粒内原子排列特别规整，没有位错出现，晶界处原子错排区较小，并呈现出共格晶界的特点。经过测量，晶界宽度只有 3 nm 左右，约占晶粒体积的 5%，处于非常低的水平。在晶界上由于质点间排列不规则而使质点疏密不均，从而形成微观的机械应力，即晶界应力；处在晶界的质点能量是比较高的，在热力学上来说是亚稳态，一些杂质原子或气孔进入此区域需克服的晶格畸变能较小，所以晶界处容易吸附一些杂质和气孔；对于多晶体，由于晶粒的取向不同，相邻的晶粒在同一个方向上的弹性模量、热膨胀系数等物理性质都各不

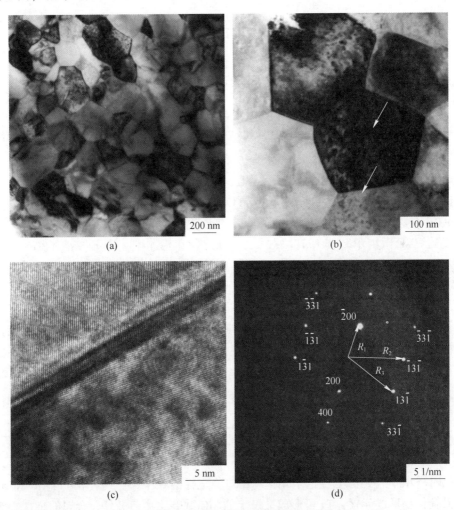

(a)   (b)

(c)   (d)

图 4-37   NbC 致密陶瓷层高分辨透射电镜照片

(a) NbC 致密陶瓷区的 STEM 照片；(b) 晶粒放大的 TEM 照片；

(c) 晶界的高分辨透射电镜照片；(d) 选区衍射花样

相同，使得陶瓷材料在冷却的过程中在晶界处容易产生很大的晶界应力，晶粒越大，晶界应力就越大，这种大的晶界应力甚至可以使大晶粒发生穿晶断裂[138]。所以要提高陶瓷材料的力学性能，其制备的过程中要避免过大的冷却速度，以免产生较大的晶界应力，也要控制晶粒细小化，以提高晶界数量，晶界处由于原子的错排使得晶内位错滑移过晶界的阻力增加，材料塑性变形抗力增加，材料强度提高。

从总体来看，本书采用原位合成法发生的放热反应，在界面处原位生成一种硬度高、模量高的陶瓷颗粒增强相，从而达到强化金属基体的目的。由于增强相原位生成，没有暴露于大气的机会，因此表面没有受到污染，界面匹配性好，结合紧密。

4.3   TaC、NbC 增强层的形成过程和机制研究

4.3.1   Nb 和 Ta 在铁基表面形成碳化物增强层时的差异

4.3.1.1   Nb 和 Ta 金属本身的熔点差异

熔点 T_M 是维持晶体结构的原子间结合力强弱的反映。熔点越高，原子间结合越强，原子的热振动越稳定，越能将晶体结构维持到更高温度。由于金属 Nb 的熔点相对 Ta 较低，当在泰曼温度点附近时，同样温度下，Nb 溶解得更多。同一温度下与 Ta 相比，有更多 Nb 原子可以和 C 原子先在小区域形成 NbC，同时有 Fe 的渗入。而 TaC 的生成更多是靠 C 的填充扩散。这也解释了为什么在 TaC 和 NbC 的 HVF 微纳米结构 NbC 增强层表面的 XRD 检测中，HVF 微纳米结构 TaC 增强层表面未能检测出 Fe，而 HVF 微纳米结构 NbC 增强层表面检测出了少量的 Fe。

4.3.1.2   Nb 和 Ta 的外层电子结构差异

碳化物形成元素都具有一个未填满的 d 电子层，d 层电子越是不满，形成碳化物的能力就越强，即和碳的亲和力越大，从而形成的碳化物也就越稳定。体系中各元素 d 层电子的个数见表 4-4。

表 4-4   体系中各元素 d 层电子的个数

元素	Fe	Nb	Ta
d 层电子数量/个	(3d) 6	(4d) 4	(5d) 3

对于 Ta、Nb 和 Fe 在钢中碳化物相对稳定性的顺序为：Ta>Nb>Fe。Ta 和 Nb 为强碳化物形成元素，Ta 可形成最稳定的 MC 型碳化物。另外，金属的特性影响其碳化物在 Fe 中的行为，同样与其自身的稳定性有关：强碳化物形成元素所形成的碳化物相对稳定，其溶解温度较高，溶解速度较慢，析出和聚集长大速度也

较低。所以同样的低温和短时间下 TaC 形成的增强层更加致密；与之相反，同样的高温和长时间下制备所得梯度复合层，由于 NbC 颗粒更容易溶解扩散，基体渗入更多，导致整个梯度复合层更厚，其中颗粒分散区更大。

4.3.2　Fe-C-Ta 和 Fe-C-Nb 两种体系所得增强层形成机制

4.3.2.1　结合体系中各元素及产物的晶体学分析

根据表 4-5 和图 4-38 中的参数可知，C 原子与 Nb 原子和 Ta 原子的半径比为：

$$R_C/R_{Nb} = 0.91/2.09 = 0.438; \quad R_C/R_{Ta} = 0.91/2.09 = 0.435$$

由海格（Hagg）原则[139]可知，C 向 Nb 或 Ta 中扩散形成简单的间隙相。Nb 和 Ta 具有 bcc 结构，其点阵中的四面体间隙和八面体间隙的<100>方向的间隙半径分别为 $0.291R_{Nb(Ta)}$ 和 $0.154R_{Nb(Ta)}$，均不足以容纳 C 原子，而八面体间隙的<110>方向的间隙半径为 $0.633R_{Nb(Ta)}$，足以容纳 C 原子，即 C 原子填充在这样的八面体间隙中，如图 4-38 所示。

表 4-5　体系中所涉及物质的晶体学参数

物质	原子半径/nm	相对分子质量	空间群	在 γ-Fe 中的最大溶解度（质量分数）/%	在 α-Fe 中最大溶解度（质量分数）/%	在室温 α-Fe 中最大溶解度（质量分数）/%	晶体结构	
							类型	晶胞参数
Nb	0.208		$Im\bar{3}m(229)$	2.0	1.8	0.1~0.2	bcc	$a=b=c=330.04$ pm $\alpha=\beta=\gamma=90°$
Nb₂C	—		$P6_3/mnm(194)$	—	—	—	hcp	$a=b=311.22$ pm $c=494.98$ pm $\alpha=\beta=90°, \gamma=120°$
NbC	—		$Fm\bar{3}m(225)$	0.5~1.0 (1250 ℃)	—	—	fcc	$a=b=c=446.98$ pm $\alpha=\beta=\gamma=90°$
Ta	0.209		$Im\bar{3}m(229)$	有限	有限	0.1~0.2	bcc	$a=b=c=330.58$ pm $\alpha=\beta=\gamma=90°$
Ta₂C	—	374	$P\bar{3}ml(164)$	—	—	—	hcp	$a=b=310.46$ pm $c=494.44$ pm $\alpha=\beta=90°, \gamma=120°$
TaC	—	193	$Fm\bar{3}m(225)$	0.5~1.0 (1250 ℃)	—	—	fcc	$a=b=c=445.47$ pm $\alpha=\beta=\gamma=90°$

物质	原子半径/nm	相对分子质量	空间群	在 γ-Fe 中的最大溶解度（质量分数）/%	在 α-Fe 中最大溶解度（质量分数）/%	在室温 α-Fe 中最大溶解度（质量分数）/%	晶体结构	
							类型	晶胞参数
C	0.091	—	—	2.11	0.0218	0.008（600 ℃）	—	
γ-Fe	0.1425	—	$Fm\bar{3}m(225)$	—	—	—	fcc	$a=b=c=365.99$ pm $\alpha=\beta=\gamma=90°$
α-Fe	0.143	—	—	—	—	—	bcc	—

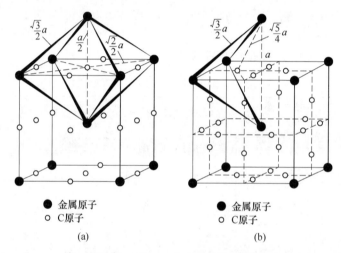

图 4-38　体心立方金属中的间隙

(a) 八面体间隙；(b) 四面体间隙

综上可知：在 Fe-C-Ta 体系中，随着加热保温的进行，C 原子开始填充于体心立方金属 Ta 的八面体<110>方向间隙中。在间隙相中，C 原子并不一定填满晶胞中某种空隙的全部，常常只是填充其中一部分。随着 C 原子的扩散填充，间隙中 C 的浓度提高，从而逐渐形成密排六方结构的 Ta_2C 相。在 Ta_2C 相中，C 原子只填充 Ta 晶胞中的部分八面体间隙。它的原子占位如图 4-39 (a) 所示。尽管 Ta_2C 和 TaC 的晶体结构不同[140-143]，由于 Ta 原子和 C 原子之间的强烈作用，以及保温过程中灰铁基体中石墨的不断溶解，使得 C 原子足以持续填充密排六方结构的 Ta_2C，即发生从密排六方到面心立方的结构转变（hcp→fcc），形成具有 NaCl 结构的 TaC。该相中 Ta 原子和 C 原子的空间占位及成键情况如图 4-39 (b) 所示，为面心立方晶体结构[144]。

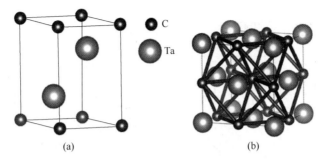

图 4-39 钽原子和碳原子的空间占位情况[140]

(a) Ta$_2$C；(b) TaC

Giorgi 等人[145]在研究中提出：在 Ta 和 C 相互作用过程中，优先生成 Ta$_2$C，当有足够的 C 原子填充空位时，Ta$_2$C 将转变成其他结构。在本书中所涉及实验中，随保温时间的延长，基体中的石墨片可以提供过量的自由 C 原子，以提供界面处反应所需的 C 原子。因此，反应停止后无 Ta$_2$C 存在。另外，有文献报道[146-147]，TaC 是一种在熔点下无固态相变稳定物质，而 Ta$_2$C 则不同，当温度接近其熔点时易分解，所以在常温下并未检测到 Ta$_2$C 的形成，因此整个反应的最终产物为 TaC。结合实验过程分析，体系中主要发生的反应为：

$$2[Ta] + [C] =\!\!=\!\!= Ta_2C \tag{4-3}$$

$$Ta_2C + [C] =\!\!=\!\!= 2TaC \tag{4-4}$$

对于 Fe-C-Nb 体系，从形成过程可以判断：铌板与基体共同加热时，原子半径较小的 C 原子逐渐填充 Nb 金属中的间隙位置，形成不同结构碳化物。由于 Nb 的碳化物在 CW 同素异构形成时是不稳定的，所以有 C 原子就有填充。C 原子的这种间隙扩散正是形成非化学计量碳化铌（NbC$_x$，0.6 < x < 0.99）的原因。当有充足 C 原子存在时，该体系得到的是 NbC。这与第 3 章中 Fe-C-Nb 体系中的热力学计算并不矛盾。

综上可知：TaC 和 NbC 形成的主导因素是 C 原子持续填充及晶体结构的转变，主要所涉及晶体结构如图 4-40 所示。这个反应过程中 C 持续溶解扩散，必然导致基体中出现贫碳区，该分析与实验观察中的贫碳区（纯铁素体区）是一致的。

4.3.2.2 碳化物层生长的理论模型的建立

根据第 3 章和第 4 章中的分析总结可知：不管是浇铸复合形成预制体后原位烧结，还是金属板和基体直接接触包覆原位烧结，都会在界面处点接触式先形成小部分的碳化物，这也是形成的第一阶段：不连续碳化物层形成，如图 4-41 (a) 所示。在第一阶段，它的生长机制有两种：(1) 极少的金属原子扩散至板与基体界面处和基体中扩散而至的 C 反应；(2) 基体 C 直接迁移扩散至金属板中进行填充反应或是 C 扩散穿过碳化物到达金属板反应生成碳化物。

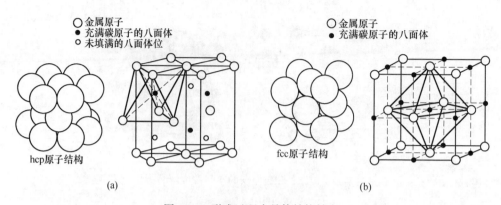

图 4-40 形成过程中晶体结构转变

(a) 密排六方 M_2C 的八面体间隙；(b) 面心立方 MC 的八面体间隙

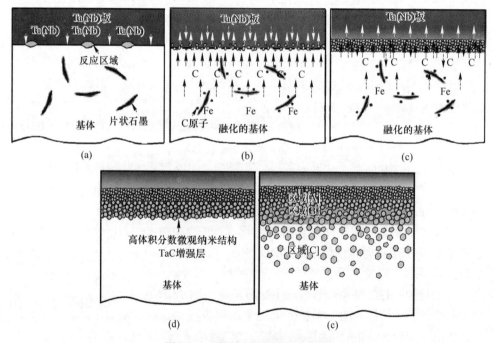

图 4-41 增强层形成过程示意图

(a) 基体与金属板开始反应；(b) 金属原子与碳原子的双向扩散；(c) 以 C 原子为主导的扩散；
(d) 形成梯度层；(e) 梯度层晶粒长大

第二阶段是连续碳化物层的形成，如图 4-41 (c) 所示。在 Fe-C-Ta 和 Fe-C-Nb 这两种三元体系中，C 原子最小，极易扩散。C 的扩散在这个阶段起主导作用，文献表明 Nb 在自身碳化物中扩散时速率会降低 3 个或 4 个数量级[148]。由于基体到金属板中所形成的 C 的浓度梯度，以及 Ta 原子和 Nb 原子与 C 原子的结合力远远大于 Fe 原子和 C 原子的结合力，因此在下坡扩散动力的作用下，C 原子由基体向金属板中迅速扩散。

在金属板和基体界面处，溶解的金属原子相对较多，C 原子最为充裕，此处碳化物的形核速率远远大于长大速率，形成了最表层亚微米致密陶瓷区，该层中碳化物颗粒细小、均匀，体积分数较高，如图 4-41（d）所示。若在这种情况下停止热处理，即对样品水冷或是空冷以抑制碳化物颗粒的长大及在熔融基体中的扩散，将得到仅有少许扩散的 HVF 微纳米结构增强层。

随着保温时间的延长，由于 C 原子沿基体向金属板大量快速扩散，Fe 基体溶解渗入，也就形成了次表层的微米陶瓷区，这一层中碳化物的颗粒稍有长大，由于少许 Fe 的渗入，其致密度较为微纳米结构致密陶瓷区降低；随着保温温度升高，金属原子向基体中缓慢扩散，体系中 Fe 原子扩散变得明显。随着扩散过程的继续也就形成了碳化物体积分数梯度减小至基体。且碳化物颗粒更偏向于长大，距离基体越近碳化物越分散。因此，可根据需要改变后续的热处理参数以调整碳化物扩散到铁基体或是原地保留，得到相应的组织结构。梯度层则在共晶及其以上温度更易制得，这是由于共晶温度下基体中的石墨完全沉淀析出，随着保温温度的升高及保温时间的延长，扩散更加充分，以此就可以得到梯度复合层，如图 4-41（e）所示。

值得提出的是，由于第一阶段不连续碳化物层形成，导致了 NbC 增强梯度复合层最表面"星空"图案的出现，如图 4-34 所示。这种现象一般在共晶及其以上温度出现较多，是由于加热保温的最初阶段，不连续的碳化物区域形成，而在这个温度下铁基体处于完全熔融，铁的渗入较多，形成了如图 4-41 所示的组织。这也是对形成机制的进一步验证。而在低温下这种现象不是很明显，是由于低温下金属原子的溶解较少，主导机制为 C 原子的扩散填充反应，而 Fe 在金属板中的溶解扩散是极其有限的。同理分析可知：TaC 增强层中这种现象也极少，是由于金属钽熔点较高，实验反应温度下 Ta 溶解较少，TaC 的形成更多是由于 C 原子的扩散填充。

4.4 原位反应法制备 TaC 和 NbC 增强层的优势

原位反应法制备 TaC 和 NbC 增强层的优势有：

（1）由于所选原材料金属钽、铌和灰铸铁（灰铸铁中为 α-Fe），使得体系中生成物与反应物晶体结构差异较小，形核相对容易。反应前基体中主要为 bcc 结构 α-Fe，而金属铌板或钽板同为 bcc，加热保温过程中，α-Fe 向 fcc 结构 γ-Fe 的同素异构转变时，C 原子扩散填充金属晶格中的八面体间隙，金属的晶体结构逐渐向密排六方转变；最终在室温下得到 fcc 结构的碳化物，而基体为 bcc 结构。

这样较为一致的晶格转变，使得扩散填充过程中涉及断键和结构重组较少，整个形核生长相对容易。

（2）形成碳化物晶核时有多种形式：当有脱附的金属原子存在时，金属原子和 C 原子重排形成碳化物；由于金属脱附原子数量相对较少，这种方式的形核率有限，在整个体系中更多的是 C 原子扩散填充金属的晶格形成碳化物。在加热保温过程中 C 原子与 Ta 原子之间强烈的相互作用，促使接触界面处 Ta 板的晶格诱发畸变，存在大量晶体缺陷，为 C 原子的扩散提供了大量的快速扩散通道；最初阶段微纳米结构碳化物的形成，使得晶界、亚晶界及新生界面大量形成，为元素的快速扩散提供了短途路径，进而大幅增加 C 的扩散填充。

（3）加热保温过程中，C 原子的不断溶解和扩散填充，使得晶体结构持续转变，也就有各种晶格畸变存在，这就为 C 原子的扩散提供了有利通道。另外，由于铌、钽都为强碳化物形成元素，金属铌和钽与 C 之间有强烈的结合力，促使在高温保温过程中，基体中的 C 原子在浓度梯度的作用下向金属板中大量扩散，这一点从基体中的纯铁素体区的存在可得到验证。

（4）铁基体在熔融冷却过程中，具有较好的成形性，与 TaC 或 NbC 颗粒完全润湿。在碳化物形成薄层时，虽然会在一定程度上影响 C 原子的扩散，但并不阻滞 C 原子在间隙相中的继续填充。

因此，总结整个反应过程，为一个伴随有化学反应的固–液或是固–固扩散问题，主要包括 C 原子、金属 Ta 原子和 Nb 原子，以及所形成的间隙相在金属基体中的扩散。其中控制整个反应过程的是 C 原子在整个体系中的扩散。

以金属钽板或铌板与灰铸铁形成相应体系，利用加热保温过程中灰铁基体中的 C 原子与板中金属原子的原位反应，制备铁基表面 TaC-Fe 梯度层和 HVF 微纳米结构 TaC 增强层及 NbC-Fe 梯度复合增强层和 HVF 微纳米结构 NbC 增强层。分别对 TaC 和 NbC 所形成的两种增强层的组织结构和物相组成分析，阐述了增强层的形成过程和机制如下：

（1）Ta 板/HT300 在 1172 ℃保温 1 h 时得到 TaC-Fe 梯度增强层，从表面到基体 TaC 的体积分数由 95% 逐级减小为 0，而颗粒尺寸逐渐由 200 nm 增大到 800 nm；由表及里梯度增强层可分为微纳米 TaC 致密陶瓷区、微米 TaC 陶瓷区和 TaC 颗粒分散区；从整体来看增强层和基体形成了外硬内韧的梯度结构。而固–固状态（1135 ℃保温 10 min）时所得 HVF 微纳米结构 TaC 增强层中 TaC 颗粒的体积分数都为 96% 左右，尺寸为微纳米级别；增强层厚度均匀，约为 20 μm，连续性好，在基体表面形成完整覆盖增强层，与基体界面的结合方式为冶金结合。

（2）Nb 板/HT300 在 1172 ℃加热保温 1 h 得到 NbC-Fe 梯度增强层，由于熔融铁的传质扩散作用，增强层厚度可达 1.36 mm，从表面到基体 NbC 颗粒的体积分数由 88.89% 连续减小到 0，而颗粒尺寸逐渐由 50 nm 增大到 1.46 μm；根据

NbC-Fe 梯度增强层横截面的组织变化可将整层分为 4 个区域：微纳米 NbC 致密陶瓷区、NbC 颗粒局部聚集区、NbC 颗粒分散区和近基体区。而在 1070 ℃加热保温 15 min 后得到微纳米结构 NbC 颗粒增强层，晶粒的平均尺寸不大于 200 nm；为近完全致密结构，厚度约为 60 μm，在灰铁基体表面形成均匀完整覆盖增强层。

（3）反应层形成过程：加热保温初期，界面处点接触式形成不连续的碳化物；随着 C 原子的迁移扩散进而形成连续碳化物层；金属板与灰铁基体界面处大量的 C 原子和充裕的金属原子的存在，形成了最表层微纳米致密陶瓷区，此时水冷或空冷可得到仅有少许扩散的碳化物 HVF 微纳米结构 TaC（NbC）增强层；随着加热保温持续进行，碳化物颗粒长大，C 原子穿过反应层继续填充金属晶格中的间隙，在 Fe 的扩散传质和渗入的作用下，反应层呈现梯度分布。由此可知：碳化物的形成机制是极少金属原子与 C 原子的晶格重组，主要机制为 C 原子的扩散填充所导致的晶格结构转变。

5 压痕法研究增强层的力学性能和断裂特性

材料力学性能直接影响其实际应用，材料力学性能的分析研究对其在实际中的安全应用起着至关重要的作用。采用原位反应法制备的铁基表面增强层已作为耐磨、抗腐蚀及其他特殊功能镀层在工程中获得了应用。在第 4 章中对增强层的制备及形成机理进行分析研究，发现在较低的反应温度和短时间保温条件下，可以得到表面均匀致密的增强层，随着温度的升高及保温时间的延长，将得到 TaC-Fe 和 NbC-Fe 梯度复合增强层。这一章中将对原位反应法所制备的灰铁表面 TaC 和 NbC 增强层的硬度、弹性模量、断裂韧性等性能进行检测，并将进一步阐述各区域性能与组织形貌和物相结构的关系。

5.1 高体积分数微纳米结构 TaC 增强层的力学性能研究

5.1.1 高体积分数微纳米结构 TaC 增强层的纳米压痕实验

5.1.1.1 HVF 微纳米结构 TaC 增强层的弹性模量和纳米压痕硬度

纳米压痕由于具有高度灵敏性，良好的处理性和易于操作等性能，已被广泛应用于表征多种微小结构材料及薄膜的力学性能，如硬度、弹性模量、蠕变和断裂韧性等[149]。利用金刚石压头在加载—卸载过程测试样品并获得载荷−位移曲线。通过传统的 Olive-Pharr 法分析曲线，可得出硬度和弹性模量。对于 4.1.1 节中制备所得 HVF 微纳米结构 TaC 增强层表面和横截面的纳米压痕实验结果见表 5-1，实验测得的 HVF 微纳米结构 TaC 增强层表面的纳米硬度和弹性模量平均值分别为 29.54 GPa±0.21 GPa 和 549.74 GPa±3.32 GPa，纳米硬度和弹性模量变异系数（COV）分别为 2.20% 和 1.12%。3 次表面纳米压痕实验的载荷−位移曲线如图 5-1（a）所示，从图中看出纳米压痕实验结果重合度和稳定性较好。HVF 微纳米结构 TaC 增强层横截面纳米硬度和弹性模量平均值分别为 26.68 GPa±0.08 GPa 和 560.19 GPa±6.60 GPa，纳米硬度和弹性模量变异系数（COV）分别为 0.30% 和 1.18%。3 次纳米压痕实验的载荷−位移曲线如图 5-1（b）所示，从图中可以看出纳米压痕实验结果具有较好的重合度和稳定性。

表 5-1 HVF 微纳米结构 TaC 增强层的纳米压痕实验结果

性能	横截面				表面			
	样品1	样品2	样品3	平均值	样品4	样品5	样品6	平均值
硬度/GPa	26.67	26.60	26.76	26.68±0.08	29.41	29.43	29.78	29.54±0.21
弹性模量/GPa	552.99	561.62	565.95	560.19±6.60	547.54	548.13	553.54	549.74±3.32

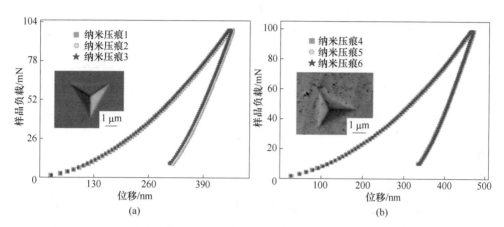

图 5-1　HVF 微纳米结构 TaC 增强层表面及横截面纳米压痕实验载荷-位移曲线
（a）表面（插图为表面的压痕形貌）；（b）横截面（插图为截面的压痕形貌）

图 5-1（a）和（b）中插图分别为增强层表面及横截面压痕的压痕形貌，可以看出 HVF 微纳米结构 TaC 增强层中形成的压痕尺寸仅为 2~3 μm，与显微硬度相比，压痕尺寸更小，可有效测量该层表面及横截面的硬度和弹性模量。图中纳米压痕的边缘出现隆起，表明实验所得 HVF 微纳米结构 TaC 增强层在较低压力载荷下发生塑性变形。实验中最大加载为 100 mN，所得压痕表面规整，间断并无径向裂纹产生，也可表明该 HVF 微纳米结构 TaC 增强层具有一定抵抗变形的能力。

硬度和弹性模量随着压痕尺寸的增大而减小的现象被研究者们称为压痕尺寸效应[48-49]，引起压痕尺寸效应的原因包括：被测样品和压头之间的摩擦力；压痕测试系统中面积函数产生的误差，特别是压痕深度特别小时会出现此现象；对于在压痕的作用下能够产生应力快速变化和在应力区域产生了应变梯度的材料来说，产生压痕尺寸效应的原因是塑性变形区域的位错形核。

在做压痕实验前，对试样进行了严格的抛光，所以压头和试样之间的摩擦力非常小，可忽略不计，而且从前面的压痕形貌可知，并没有凹陷或者凸起现象的产生，可以排除面积函数的影响，因此引起被测材料产生压痕尺寸效应最有可能的原因是位错的形核。在压头的作用下被测材料会产生位错，这种位错叫作几何必须位错，为简单起见，假设位错以循环的圆形形式出现，如图 5-2（a）所示。

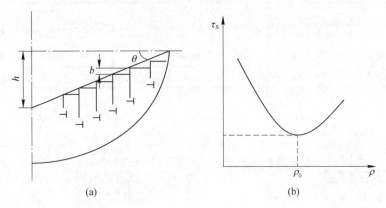

图 5-2 圆锥压头下塑性变形区域的几何必须位错（a）和材料强度与位错密度的关系（b）

Nix 和 Gao[49] 给出了圆锥压头下，在塑性变形区域引起的几何必须位错密度 ρ_g 的表达式：

$$\rho_g = \frac{3}{2bh}\tan^2\theta \qquad (5-1)$$

式中 b——柏氏矢量；

θ——压痕下试样表面与水平面的角度；

h——压痕尺寸。

图 5-2（b）给出了材料强度和位错密度的关系，从图中可以看出，当位错密度 ρ 小于临界密度 ρ_0 时，位错密度越小，材料强度越大，这部分适合于完全没有位错的晶须等材料，强度会达到材料的理论强度；而当 ρ 大于 ρ_0 时，材料强度会随着位错密度的增大而逐渐增大，这是由于位错越多，晶格发生畸变，材料内部储存的能量变高，阻碍滑移的作用越大，表现出来的强度也就越高，这部分适合于大部分材料的分析。

分析式（5-1）可知，一定压痕尺寸下，b 和 θ 是定值，随着压痕尺寸 h 的增大，几何必须位错的密度逐渐减小，而位错密度的减小使得材料的强度也减小，众所周知，材料的强度和硬度一般成正比，因此硬度也随之减小，即压痕尺寸越大，硬度越小。

上面只考虑了几何必须位错对硬度的影响，可以简单地解释压痕尺寸效应，另一方面，可以推出硬度公式对压痕尺寸效应进行解释，在进行压痕实验后，材料中不仅存在由于压头引起的几何必须位错 ρ_g，材料自身也有稳定的位错密度 ρ_s，通过 Taylor 公式用几何必须位错 ρ_g 和稳定的位错密度 ρ_s 把剪切强度 τ 表示出来：

$$\tau = \alpha\mu b\sqrt{\rho_\tau} = \alpha\mu b\sqrt{\rho_g + \rho_s} \qquad (5-2)$$

式中 α——常数, 取 0.5;

μ——剪切模量。

Von Mises 理论和 Tabor 推出的硬度与强度的关系如式 (5-3) 所示:

$$\sigma = \sqrt{3}\tau, \ H = 3\sigma \tag{5-3}$$

式中 σ——等效流应力。

通过式 (5-1)~式 (5-3) 推出硬度的表达式:

$$\frac{H}{H_0} = \sqrt{1 + \frac{h^*}{h}} \tag{5-4}$$

式中 H_0——与材料中自身存在的稳定位错密度有关的硬度, 表达式如下:

$$H_0 = 3\sqrt{3}\alpha\mu b\sqrt{\rho_s} \tag{5-5}$$

h^*——与深度相关硬度的长度, 可以看出, h^* 不是一个常数, 与被测材料和压头形状有关, 依赖于 H_0 的变化, 表达式如下:

$$h^* = \frac{81}{2}b\alpha^2\tan^2\theta\left(\frac{\mu}{H_0}\right)^2 \tag{5-6}$$

分析 H_0 与 h^* 的表达式可知, 当压痕参数一定, H_0、h^* 是一个常数, 仅与稳定位错密度有关, 因此当压痕尺寸增大时, 材料硬度随之减小, 通常来说, 硬度与弹性模量成正比关系, 因此, 弹性模量也存在压痕尺寸效应。

5.1.1.2 小载荷下的塑性变形研究

陶瓷本身脆性所导致的碎裂易将塑性变形与其他非弹性行为 (显微裂纹和应力诱变相转变) 混淆。在浅层磨削的刻划实验[150]中, HVF 微纳米结构 TaC 增强层表现出完全的塑性模式, 为光滑的刻划犁沟, 即压应力很小时, 裂纹的萌生可在脆性材料中避免。因此, 对陶瓷材料在脆性断裂之前的行为进行研究也是很有必要的。近年来很多新的实验和理论研究为高性能陶瓷动态屈服和破坏提供了强有力的依据, 这些与位错塑变及孪晶引起的非弹性形变机制有关。然而, 非弹性形变机制直接表征相当困难。当加载工具结构小至微纳米级别时, 会导致在轻浅的压入或切削过程中产生塑性变形, 便可对陶瓷在小载荷实验中的真实变形和破坏的基本微观机制做深入的研究[151]。在本小节利用纳米压痕实验对 HVF 微纳米结构 TaC 增强层的变形进行了研究, 为了避免基体效应, 在增强层横截面加载。利用玻氏纳米压头在压痕模式下得到变形样品。利用聚焦离子束 (FIB) 制备特定视场断面的透射薄片, 结合 SEM、TEM、SAED 及 HRTEM 进行检测, 使得陶瓷变形可视化。并具体研究了表征纳米压痕底下所发生的结构变化, 探索 HVF 微纳米结构 TaC 增强层的变形和破坏的微观机制。

变形区域样品的提取是利用 FIB 系统从增强层截面提取变形区域样品切片, 具体过程如下: (1) 在压痕中选中一区域 (见图 5-3 (a)) 沉积 Pt 层进行保护, 以减小该区域在离子束加工过程中的损伤。(2) 用离子大束流在保护层两侧开槽，切出一个薄片，该薄片和压痕垂直；去除薄片周围多余材料，切开薄片的其中一边和底边。（3）推进小角度钨探针接触切出的薄片样品，如图 5-3（c）所示。（4）用 Pt 将探针和薄片样品接连，如图 5-3（d）所示，并切开薄片的另外一边，得到 TEM 样品。（5）用探针将薄片样品转移至专用载网后用 Pt 固定，并用离子束将探针与样品切开，如图 5-3（e）所示。（6）最终利用低能离子将提取出来的透射薄片样品减薄，如图 5-3（f）所示。将所得薄片用 TEM 表征以观察压痕内部变形。

图 5-3 FIB 提取压痕截面 TEM 样品过程

（a）被选中区域沉积 Pt 层；（b）在保护层两侧开楔形槽去除周围；（c）推进小角度钨探针接触切出薄片样品；
（d）将探针和薄片样品用 Pt 接连；（e）转移至专用载网后用 Pt 固定；（f）低能量离子减薄样品

在较低的倍数下对样品进行观察，图 5-4 画线处为样品表面，箭头指示区域为压痕位置，箭头方向表示加载方向。样品中靠近压痕部分最薄，观察发现整个样品中晶粒分布比较均匀，晶粒多为类等轴状，除个别晶粒外，大多数晶粒比较细小，尺寸为 100~200 nm。

图 5-5（a）为纳米压痕仪加载 450 mN 时，HVF 微纳米结构 TaC 增强层的压痕变形区域的 TEM 的明场相，晶粒形貌如图所示，在样品中选取较大的晶粒，通过倾转带轴对样品进行衍射表征，标定发现该衍射斑与 TaC 晶体学参数吻合。与非压痕区域取样得到的 TEM 图像图 5-5（b）相比发现，压痕处提取的样品晶粒内部衬度相对比较复杂，这是塑性变形引起的，内部有大量的位错缠绕。

图 5-4 FIB 提取压痕切片的 SEM 照片

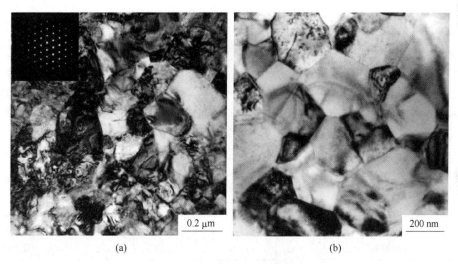

(a)　　　　　　　　　　　　　　(b)

图 5-5 组织形貌的 TEM 照片

（a）加载区域；（b）未加载区域

对变形区域 TaC 单晶颗粒内部及晶界处进行高分辨表征如图 5-6 所示：其条纹像衬度比较混乱。在观察中发现整个样品内大部分区域衬度异常如图 5-6（a）所示。根据纳米压入理论经验公式得知，纳米压痕处影响区域的尺寸为压痕尺寸的 2~3 倍，该样品的压痕边长尺寸约为 10 μm，提取样品的尺寸约为 5 μm，因此，可以确定所提取样品均在压痕的影响区内。

通过透射电镜进行观察可知，晶粒内部有大量的位错缠结，并发现这种密度较大的位错缠结多出现在尺寸较大的晶粒中，如图 5-6（a）所示。图 5-6（b）

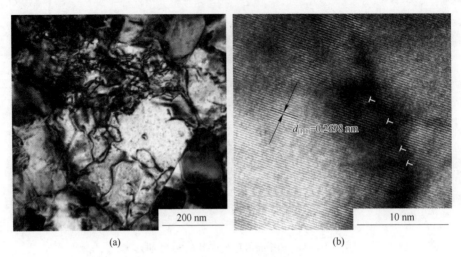

图 5-6　压痕变形区域中的位错

(a) 大量的位错缠结；(b) 位错的高分辨照片

为内部具有位错的晶粒的高分辨照片，在整个视野中可以看到大量晶格错排。根据照片中明暗色差对比将相应的晶面间距进行了统计。利用公式 $d = L/(N - 1)$（其中，d 为晶面间距；L 为所选范围的长度；N 为统计的晶面个数）计算出的面间距 $d_{(111)} = 0.2698$ nm。

与标准 PDF 卡片（见表 5-2）对比可知（±5% 误差），d 近似对应的标准 PDF 卡片中的 0.2575 nm，即为岩盐型面心立方结构 TaC 的 {111} 晶面族。图 5-6 中原子错排方向与 {111} 晶面的夹角约为 57°。

表 5-2　TaC 标准 PDF 卡片

d/nm	l(f)	l(v)	h	k	l	N^2	$2\theta/(°)$	$\theta/(°)$	$1/(2d)$
0.2575	100.0	100.0	1	1	1	3	43.812	17.406	0.1942
0.223	62.1	71.7	2	0	0	4	40.415	20.207	0.2242
0.15769	34.3	56.1	2	2	0	8	58.483	29.242	0.3171
0.13447	28.9	55.4	3	1	1	11	69.893	34.946	0.3718
0.12875	9.6	19.2	2	2	2	12	73.494	36.747	0.3884
0.1115	3.9	9.0	4	0	0	16	87.392	43.696	0.4484
0.10232	9.2	23.2	3	3	1	19	97.671	48.835	0.4887
0.09973	10.2	26.3	4	2	0	20	101.135	50.568	0.5014
0.09104	7.8	22.1	4	2	2	24	115.579	57.789	0.5492
0.08583	7.6	22.8	5	1	1	27	127.642	63.827	0.5825

在压头加载的正下方，如图 5-7（a）所示，可以看出晶粒内存在多组平行直线，形貌与层错类似；从图 5-7（b）高分辨照片可以看出，其中明/暗条纹界限清晰，为原子错排所形成的堆垛层错。这是 TaC 在受应力作用时产生的原子错排，可以消除或产生新的缺陷。

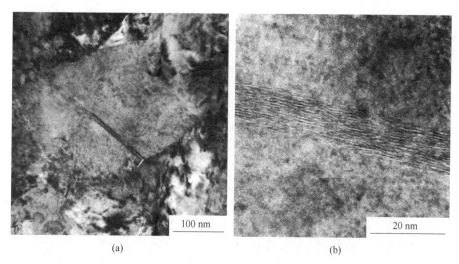

(a)　　　　　　　　　　　　　　　　(b)

图 5-7　压痕变形区域中层错

（a）晶粒内部的堆积层错；（b）堆积层错的高分辨照片

当加载为 450 mN，在压痕底部的变形区域除了大量位错缠绕外，还有孕育的显微裂纹。图 5-8 中压痕正下方的平行直线，为陶瓷材料中的裂纹萌生和扩展；从压痕正下方变形的高分辨可以看出，其为沿着加载方向的大量晶格畸变，以及大量位错堆积下的裂纹萌生。由此可知，在 450 mN 载荷下的纳米压痕实验中，TaC 发生了塑性变形，主要为位错产生，原子错排时所形成的层错和大量位错堆积下的裂纹萌生。

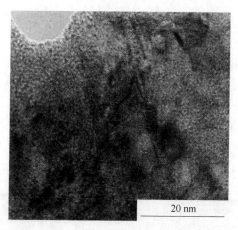

图 5-8　显微裂纹的萌生——压痕正下方大范围晶格畸变的高分辨照片

纯的块体 TaC 理论 K_{IC} 为 4 MPa·m$^{1/2}$，其本质上为脆性材料。通常室温下的单轴加载会以脆性方式失效而不表现任何塑性。本小节中大量的塑性变形是在尖锐锥体压头下产生的，可有效地抑制传统加载下的开裂破坏。此外，压痕底部小的变形量在阻止显微裂纹形成的过程中起到重要作用。随着开裂的抑制，可以看出大量先于开裂破坏发生的塑性变形，另外表明显微裂纹的形成与位错有关。滑移系的交叉将引起位错反应和堆积，即显微裂纹的形成。对 HVF 微纳米结构 TaC 增强层塑性变形机制研究得出结论：TaC 在小载荷下的变形行为为位错活动。当沿 Z 轴压入时，这种变形一般由压头正下方材料中大范围的位错滑移和堆积导致。

5.1.2 高体积分数微纳米结构 TaC 增强层的断裂韧性研究

Karch[152]首次提出纳米结构陶瓷的高韧性和低温超塑性行为，此后材料界对发展纳米结构陶瓷以解决陶瓷脆性和难加工性寄予了厚望。因此对于制备所得微纳米结构陶瓷力学性能及可靠性评价的重要指标是断裂韧性 K_{IC}[153]。其中压痕断裂力学的建立是结构陶瓷材料韧性研究中取得的一个重大突破，压痕法[151,154-155]较其他断裂韧性测试方法具有试样尺寸小、试样加工及操作简单的优点，因而得到越来越多的应用。具体是根据裂纹尺寸，利用半经验公式对陶瓷材料的断裂韧性进行计算[156-157]。

从本书目前的研究可知，所制备增强层中都具有 HVF 微纳米结构的 TaC 增强层，不仅表现出传统陶瓷材料的高硬度、耐磨损等诸多优异性能，而且在小载荷下还表现出一定的塑性变形能力。因而，本小节将利用显微压痕技术对 HVF 微纳米结构 TaC 增强层的断裂韧性进行研究。具体是以 HVF 微纳米结构 TaC 增强层为研究对象，利用显微压痕技术在超过临界载荷下，施加不同的载荷形成不同尺寸附有裂纹的压痕，根据压痕及裂纹尺寸计算 HVF 微纳米结构 TaC 增强层的断裂韧性。

5.1.2.1 显微压痕实验及裂纹判定

A 显微压痕实验

以 4.1.1 节中制备的 HVF 微纳米结构 TaC 增强层为研究对象计算断裂韧性。首先将增强层横截面用砂纸逐级研磨后，采用 1.5 μm 的金刚石抛光剂将测试表面抛光至镜面；然后用 TUKON2100 显微硬度仪分别加载 1 N、2 N、3 N、5 N、10 N，保载时间为 10 s，维氏压头压入增强层示意图如图 5-9 所示[158]；最后利用 SEM 观察压痕形貌，通过对压痕尺寸及裂纹长度等参数的测量统计，根据适当的公式计算试样的断裂韧性。计算过程中所需硬度与弹性模量是利用 Nano Indenter G200 在加荷 450 mN 下得出，保载时间为 10 s。为了保证数据的准确性，在目标区域重复 5 次，压痕间距为 200 μm。

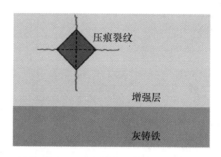

图 5-9　维氏压痕在横截面压入的示意图

HVF 微纳米结构 TaC 增强层横截面在不同载荷下的显微压痕形貌如图 5-10 所示。在压头压入时，菱形压痕尖角处产生裂纹并扩展。可以看出：当压力为 1 N 时（见图 5-10（a）），表面压痕对角线长度 a 约为 9.30 μm，此时只有压痕左右两边尖角处有裂纹产生；图 5-10（b）~（e）分别为加载载荷为 2 N、3 N、5 N、10 N 时的 TaC 陶瓷表面的显微压痕形貌。

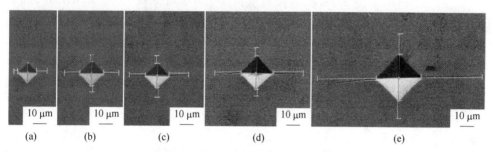

(a)　　(b)　　(c)　　(d)　　(e)

图 5-10　高体积分数微纳米结构 TaC 增强层在不同载荷下的显微压痕形貌

(a) 1 N；(b) 2 N；(c) 3 N；(d) 5 N；(e) 10 N

B　裂纹类型的判定

用维氏压痕技术测定增强层的断裂韧性时，随着法向加载的增加，测试试样将经历弹性阶段、微小塑性变形阶段和最终开裂阶段。一般来说，不同材料的特性不同，同样载荷下开裂方式不同，压痕计算公式也大不相同，每一种材料都有各自适应的压痕计算公式。计算断裂韧性的公式众多，表 5-3 为文献中用来计算材料断裂韧性的常用公式[157,159-163]，分别用来计算两种不同种类裂纹（径向裂纹和半币裂纹）时材料的 K_{IC}。

表 5-3　计算断裂韧性的部分公式

公式	裂纹类型	序号	文献
$K_{IC} = 0.016(E/H)^{1/2}(P/c^{3/2})$	中位-径向裂纹	(5-7)	156

公式	裂纹类型	序号	文献
$K_{IC} = 0.0095(E/H)^{2/3}(P/c^{3/2})$	中位-径向裂纹	(5-8)	158
$K_{IC} = 0.033(E/H)^{2/5}(P/c^{3/2})(l/a) \geqslant 2.5$	中位-径向裂纹	(5-9)	153
$K_{IC} = 0.0089(E/H)^{2/5}P/(al^{1/2})2.5 \geqslant (l/a) \geqslant 0.25$	径向裂纹	(5-10)	153
$K_{IC} = 0.0319 \times P/(al^{1/2})$	径向裂纹	(5-11)	159
$K_{IC} = 0.015(a/l)^{1/2}(E/H)^{2/3}(P/c^{3/2})$	径向裂纹	(5-12)	158

注：E—弹性模量，GPa；H—硬度，可通过公式 $H = 1.854P(2a)^2$ 计算，也可通过仪器测量，GPa；
　　P—显微压痕实验中的加载，N；a—压痕对角线的一半，μm；l—裂纹长度，μm；c—半币裂纹的
　　长度，即压痕对角线的一半和裂纹长度的总和，$c = a + l$，μm。

　　半币裂纹（half-penny crack）形状通常呈半圆或半椭圆形，如图 5-11 所示，不同材料的半币裂纹形成机制不同：一类是中位裂纹扩展到自由表面；另一类是径向裂纹从自由表面向内部扩展；更多是由于中位裂纹和径向裂纹扩展连通形成的[164-166]。因而这类裂纹通常也称为中位-径向裂纹系统（median-radial crack system），多为脆性材料的裂纹形态。径向裂纹（radial crack）也称为 Palmqvist 裂纹，通常在塑性压痕的边界（主要是压痕的顶角）处形核，并沿试样自由表面向外扩展，形状为细长的半椭圆形，一般出现在低的压头载荷下或高韧性材料中[157,167]。

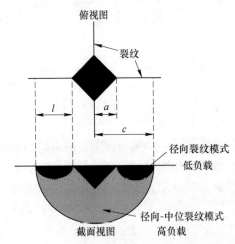

图 5-11　显微压痕的裂纹系统：径向-中位裂纹和巴氏裂纹的俯视图和截面视图[163]

　　根据前面分析可知对于裂纹类型的判断以准确计算断裂韧性至关重要。裂纹类型的判断有曲线图法[168]、逐步抛光法[155]和染色法[169-170]等。Niihara 等人[157]提出采用曲线法判定裂纹类型，即：建立裂纹长度 c 或 l 与外加载荷 P 之间的关

系曲线。当法向加载较小时，曲线为具有一定斜率的正比关系，形成巴氏裂纹；但是当加载超过一定载荷时，斜率突变，低载荷时的巴氏裂纹扩展形成半饼状裂纹。因此，通过绘制裂纹长度与外加载荷的函数关系曲线来判断裂纹类型是一种合理、有效便捷的方式。通常韧性低的材料一般呈现半月状裂纹，而韧性高的材料则为巴氏裂纹，此外；多数材料在低载荷下（$c/a<2.5$ 时）为巴氏裂纹，在高载荷下（$c/a>2.5$）为半币裂纹。由于 $c=a+l$，因此，当小载荷下压痕裂纹的 $l/a<1.5$ 时，该裂纹为巴氏裂纹。HVF 微纳米结构 TaC 增强层不同载荷下的 l/a 值如图 5-12 所示。

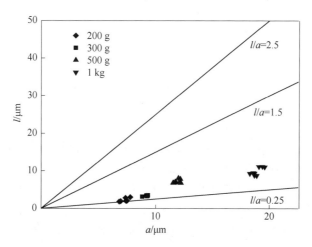

图 5-12　HVF 微纳米结构 TaC 增强层在不同载荷下的 l/a 值

为了保证测试的准确性，每个载荷下取值不少于 8 次。对该实验测量的 TaC 的断裂韧性的所有压痕参数进行统计可知，所有的 l/a 值均小于 1.5。由此可知，该实验加载过程压痕尖端所产生的裂纹为巴氏裂纹。

5.1.2.2　断裂韧性的测试和计算

由上述裂纹类型判断可知：在目前加载范围内所产生的裂纹为巴氏裂纹，而式（5-7）~式（5-9）是用于计算材料产生半币裂纹时的断裂韧性，并不适用本章节实验加载范围内对于断裂韧性的研究计算。利用表 5-3 中适用于巴氏裂纹系统的式（5-10）~式（5-12）计算不同载荷下，HVF 微纳米结构 TaC 增强层的断裂韧性如图 5-13 所示，K_{IC} 值随着压痕载荷的增加表现出不同的变化趋势：其中利用式（5-12）计算所得断裂韧性值的波动较大，而式（5-10）和式（5-11）对于断裂韧性的计算，两者的变化波动较小。式（5-10）计算所得断裂韧性值范围为 4.1~5.75 MPa·$m^{1/2}$；式（5-11）计算所得断裂韧性值范围为 4.2~6.10 MPa·$m^{1/2}$；通过比较图 5-12 中 l/a 的值及裂纹的几何结构可知，表 5-3 中式（5-10）和式（5-11）适用于计算 HVF 微纳米结构 TaC 增强层的断裂韧性。

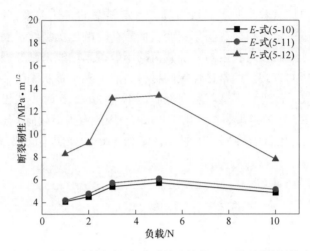

图 5-13 不同公式计算所得 HVF 微纳米结构 TaC 增强层断裂韧性值

相比 TaC 断裂韧性的理论值 4 MPa·m$^{1/2}$[171]，本章所制备的 HVF 微纳米结构 TaC 增强层韧性增加，主要是因为该增强层中 TaC 陶瓷颗粒为微纳米结构，由于其晶粒的减小，在外界载荷作用下，微纳米陶瓷晶粒可以沿着晶界滑动甚至转动，从而释放应力。由图 5-7 中也可以明显看出压痕凹坑中微小裂纹的扩展是沿着细小晶粒的晶界，通过观察 HVF 微纳米结构 TaC 增强层表面压痕裂纹形貌放大可以明显看出：裂纹扩展并不是沿着直线进行的，裂纹具有曲折的路径，表现出典型的沿晶断裂的特征，这种沿晶断裂特征是 HVF 微纳米结构 TaC 增强层断裂韧性提高的原因之一，主要有以下两种机制。

（1）裂纹偏转机制。裂纹偏转是指在裂纹扩展过程中当裂纹前端遇上某显微结构单元时发生的倾斜和扭转，即裂纹在材料中呈锯齿状的扩展现象，可以认为它是一种裂纹尖端效应[74]。图 5-14 为 TaC 陶瓷层的裂纹路径。TaC 陶瓷层截面裂纹为曲折的路径，表现出典型的沿晶断裂的特征（见图 5-14（a））；TaC 陶瓷层表面裂纹也存在裂纹偏转现象，但总体上其裂纹路径相对比较平直（见图 5-14（b））。裂纹扩展过程中会受到晶界的阻碍，晶界对于裂纹扩展的阻力比较低，但裂纹的沿晶扩展方向在每个晶粒处的突然变化（典型情况是偏转角约为 60°）会大幅度降低应变能释放率，最终导致表观断裂表面能提高[67]；裂纹以锯齿状扩展时表面积增多，更大程度地消耗断裂能，有助于提高材料的韧性。

（2）裂纹桥联机制。裂纹桥联是一种裂纹尖端尾部效应，使得一定外加应力作用下的裂纹张开更为困难，从而提高断裂韧性[66]。裂纹扩展至 TaC 陶瓷颗粒时其扩展路径首先沿着先前的主方向扩展，而在另一方向上应力增加到一定值时，在材料的微缺陷区域就容易形成新的裂纹，此过程即裂纹的重新形核；当外加载荷继续增加时，就会驱使裂纹在两个方向上扩展，从而形成裂纹桥联。

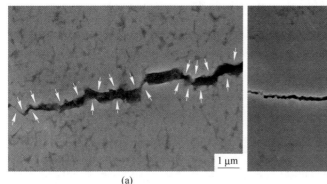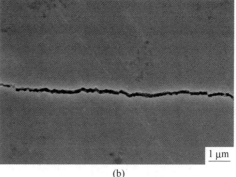

(a)　　　　　　　　　　　　　　　　　　(b)

图 5-14　TaC 陶瓷层的裂纹路径

（a）截面；（b）表面

5.1.3　微纳米结构 TaC 增强层的塑性变形行为

为了研究微纳米结构 TaC 增强层的塑性变形行为，本节主要从不同载荷和不同加载速率两方面进行考虑，研究保载阶段的塑性变形行为。实验对象为加温至 1135 ℃下保温 10 min 原位反应生成的 TaC 增强层，其实验控制参数：压入载荷分别为 50 mN、100 mN、200 mN、300 mN 和 400 mN，每个载荷下的加载速率分别为 1 mN/s、5 mN/s 和 10 mN/s，保载时间为 30 s，每种测试条件重复进行 6 次，验证其重复性和可靠性，为避免各个压入点之间的相互作用，压入点之间间隔 50 μm。

5.1.3.1　同一加载速率不同载荷对塑性变形行为的影响

加载速率为 1 mN/s、最大载荷 400 mN 时，保载阶段的时间-位移曲线如图 5-15（a）所示，在载荷不变，即应力不变时，被测材料发生了明显的塑性变形位移。加载速率为 10 mN/s，塑性变形位移随载荷的变化曲线如图 5-15（b）所示，为了把不同载荷下的塑性变形位移归到一个图中，对时间和位移都进行了归零处理。从图中可以看出，当加载速率一定时，被测材料的塑性变形位移随着最大载荷的增大而逐渐变大，可以将曲线分为两个阶段，分别为瞬时塑性变形阶段和稳态塑性变形阶段，在瞬时塑性变形阶段时，塑性变形位移迅速增加，稳态塑性变形阶段时塑性变形位移增加缓慢，几乎与时间呈线性关系。塑性变形是指当材料所承受的应力超过其屈服应力时发生的永久性变形，而蠕变是指在高温或者恒定应力作用下，即使应力低于屈服应力，也会发生的一种缓慢塑性变形，同样不可逆。本书中微纳米结构 TaC 陶瓷在纳米压痕实验下保载时发生的塑性变形与蠕变类似，蠕变共包括 3 个阶段：瞬时蠕变、稳态蠕变和加速蠕变，微纳米结构 TaC 陶瓷的塑性变形变化阶段与蠕变的前两个阶段类似，可以把在纳米压痕下的塑性变形问题处理与蠕变相对应，且已经有很多研究者对陶瓷的蠕变进行了研究[50-52]。从蠕变方面对微纳米结构 TaC 陶瓷的塑性变形进行分析。

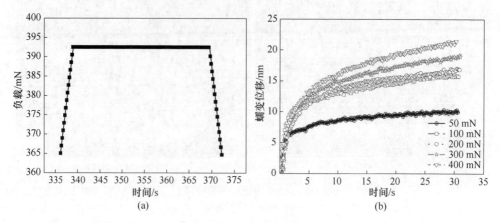

图 5-15 保载阶段的时间-载荷曲线（a）和加载速率为 10 mN/s 时不同载荷下的
蠕变位移-时间曲线（b）

蠕变性能主要由蠕变应力指数 n 来表示，蠕变应力指数越大，说明材料抗蠕变性越好，即发生的塑性变形越少，可以通过计算蠕变应力指数来间接说明材料的塑性变形能力。对于使用玻氏压头的压痕实验来说，材料的蠕变应力指数可通过蠕变应变率 ε 和硬度 H（接触应力 σ 与硬度的定义一样）求得，材料的蠕变应变率 ε 与硬度 H 的关系式为：

$$\varepsilon = A_1 H^n \tag{5-13}$$

式中 A_1——材料结构相关比例常数。

利用 Berkovich 三棱锥压头的几何相似性可以定义蠕变应变率为瞬时压入速率 $h' = \mathrm{d}h/\mathrm{d}t$ 与实时压入深度 h 的比值[53]，表示为：

$$\varepsilon = \frac{\mathrm{d}h}{\mathrm{d}t} \cdot \frac{1}{h} \tag{5-14}$$

式中，实时压入深度 h 与时间的关系可由经验公式[54]得出：

$$h = h_0 + a(t - t_0)b + kt \tag{5-15}$$

式中 h_0——蠕变开始时的压痕深度；

t_0——保载阶段初始时刻；

a, b, k——拟合参数。

利用此公式对实验得出的时间-位移曲线进行拟合，求得具体的函数关系，对 t 求导，得出瞬时压入速率。

硬度和压痕投影面积的公式如下[9]：

$$H = P/A, \quad A = 24.5h \tag{5-16}$$

式中 P——任意时刻的载荷。

将式（5-15）、式（5-16）代入式（5-13）中可以得到：

$$\frac{\mathrm{d}h}{\mathrm{d}t} \cdot \frac{1}{h} = A_1 H^n = A_1 \left(\frac{P}{A}\right)^n \tag{5-17}$$

对式（5-17）两边同时取对数即可求得蠕变应力指数 n：

$$n = \frac{\partial \ln \varepsilon}{\partial \ln H} = \frac{\partial \ln(h'/h)}{\partial \ln(P/A)} \tag{5-18}$$

图 5-16 分别展示了在最大压痕载荷为 400 mN、加载速率为 10 mN 时的蠕变位移-时间曲线、蠕变应变率-时间曲线、蠕变应力-时间曲线和蠕动应力曲线。图 5-16（a）中实线是利用式（5-14）对蠕变位移-时间曲线进行拟合的结果，相关系数 $R^2 = 0.997$，说明拟合较准确；图 5-16（b）（c）中蠕变应变率和蠕变应力均随着时间的推移，逐渐减小，且初始阶段迅速减小，处于瞬时蠕变阶段，随后变化缓慢，属于蠕变稳定阶段；图 5-16（d）中曲线斜率即为所求蠕变应力指数。

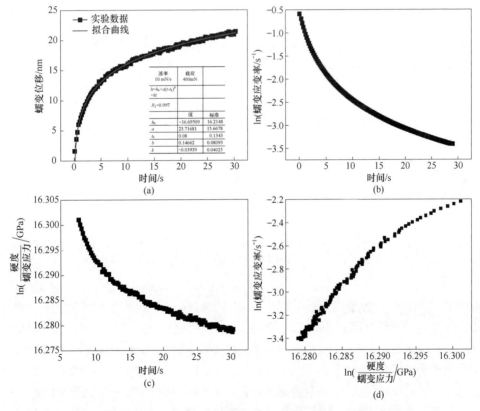

图 5-16 载荷为 400 mN、加载速率为 10 mN/s 蠕变应力时间曲线

（a）蠕变位移-时间曲线与拟合曲线；（b）蠕变应变率-时间曲线；（c）蠕变应力-时间曲线；

（d）蠕变应变率-蠕变应力曲线

图 5-17 表示在不同载荷、相同加载速率下的蠕变应力指数。图 5-17（a）中各个曲线的斜率即为被测材料的蠕变应力指数，可以看出，载荷分别为 50 mN、100 mN 和 300 mN 时，在应力升高到一定程度后，曲线的斜率开始增大或者减小且偏离线性关系，这种现象叫作幂律失效。蠕变应力指数代表着发生塑性变形的能力，蠕变应力指数越大，塑性变形能力越小，从图 5-17（b）中明显可以看出，蠕变应力指数随着载荷的增大逐渐减小，也就是说，载荷越大，发生的塑性变形量越多，与图 5-15（b）相对应，因此，证明把纳米压痕下产生的塑性变形当作蠕变问题处理基本正确。

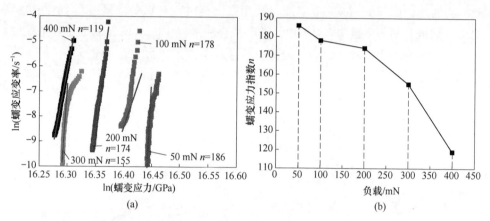

图 5-17 不同载荷加载速率为 10 mN/s 的蠕变应力时间曲线
（a）蠕变应变率-蠕变应力对数曲线；（b）蠕变应力指数-载荷曲线

5.1.3.2 同一载荷不同加载速率对塑性变形行为的影响

载荷分别为 100 mN、400 mN 时，不同加载速率下保载 30 s 时的塑性变形位移如图 5-18 所示，可以看出，在保载初始阶段，压头的位移随着时间的延长迅速增大，随后位移缓慢增加，变形速率减小，且小载荷下的变形速率小于大载荷下的变形速率；即便如此，无论在大载荷还是小载荷，被测材料表现出的现象均是加载速率越大，变形位移就越大，呈现出明显的加载速率敏感效应，也就是说在低载荷下，材料的塑性变形能力差。这是因为在压入的过程中，载荷足够小时，首先发生的是弹性变形，达到一定载荷开始发生弹塑性变形，最后完全变为塑性变形，加载速率越大，材料的变形速度越快，在这个过程中，材料的部分塑性变形来不及在整个变形体内均匀地扩展，且速率越大，来不及释放的塑性变形量越多，只能在保载期间进行释放，因此，大加载速率释放出来的塑性变形量要比小加载速率大。

同样，对于不同加载速率下的塑性变形也用蠕变应力指数来说明，如图 5-19 所示，描述了载荷相同时，不同加载速率下的蠕变应力指数。图 5-19（a）中曲线的斜率即为被测材料的蠕变应力指数，可以看出，加载速率为 1 mN/s、5 mN/s 时，

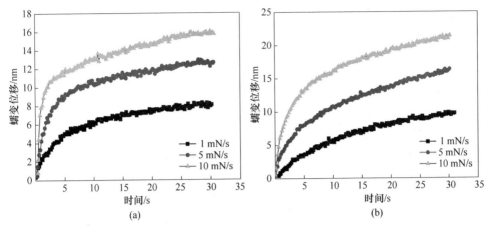

图 5-18 不同加载速率下的蠕变位移–时间曲线

(a) 100mN；(b) 400mN

也存在幂律失效现象；从图 5-19（b）中可以看出，加载速率越大，蠕变应力指数越小，且几乎呈直线下降，证明被测材料的蠕变应力指数存在明显的加载速率敏感效应，也就是说，微纳米结构陶瓷的塑性变形也存在加载速率敏感效应，加载速率越大，塑性变形量越多。

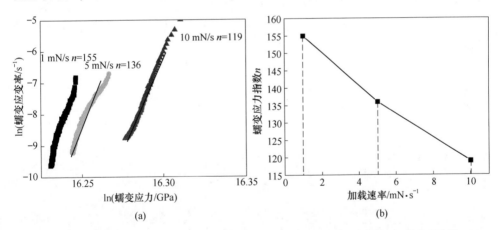

图 5-19 载荷 400mN 时蠕变应变率–蠕变应力对数曲线（a）和蠕变应力指数–加载速率曲线（b）

5.2 高体积分数微纳米结构 NbC 增强层的力学性能研究

5.2.1 高体积分数微纳米结构 NbC 增强层的弹性模量和纳米压痕硬度

纳米压入法相比传统的硬度、模量测量方法而言，压痕深度较浅，可以测量更小的微区性能，并且是由卸载曲线的斜率直接计算硬度和弹性模量，由人为测量和环境因素影响而产生的误差更小。

硬度是材料本身的属性，原则上不随测试方法和条件的改变而变化，但是纳米压痕法压入材料表面深度较浅，而且该实验制备的 NbC 致密陶瓷层厚度较薄，且致密层下的梯度复合区 NbC 颗粒的体积分数也是逐渐减小的，所以采用纳米压入测试材料硬度和弹性模量时，底层的梯度组织和铁基体可能会对所测得的表面致密陶瓷层的结果产生一定的影响。为了准确表征表面致密陶瓷层的硬度和弹性模量，采用不同的载荷（压入深度）进行了测量，测量载荷为 5~45 g，每隔 5 g 测量一组数据，每种载荷在不同位置测量 3 次，以保证数据的真实可靠性。

以不同载荷压入时表面致密层硬度值如图 5-20 所示，从图中可以看出，在载荷小于 15 g 时材料的硬度值会随载荷减小急速升高，这是由于表面粗糙度和热漂移的影响，载荷大于 30 g 时所测得的硬度值会明显下降，这是由于载荷过大时，随着压入深度的增加会产生基底效应，即压头压入材料的影响区会延伸到梯度层，而梯度层由于 NbC 颗粒体积分数的下降，铁基体的增加，对表层材料的支撑会下降，因此会出现硬度值下降，而此时的数值也不能代表致密层的真实硬度值，在载荷为 15~30 g 时曲线出现了一个平台，说明在这个载荷范围内，即一定的压深深度时，致密层的硬度值基本达到一个恒定不变的值，可以认为此时所测得的数据受表面粗糙度和热漂移的影响很小，而且不受基底效应的影响，此范围内的测量值能较为准确地反映材料的硬度值，NbC 致密层硬度值为 20.8 GPa。

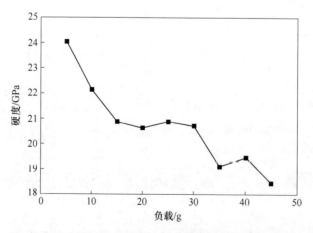

图 5-20 不同压入载荷时 NbC 致密陶瓷层表面硬度

材料硬度代表着其抵抗塑性变形的能力，对于多晶体，材料的塑性变形主要是通过位错的滑移来完成的，而位错滑移的抗力来自晶界。由于晶界上的点阵畸变及晶界两侧的晶粒取向不同，在一侧晶粒中的滑移位错不能直接进入相邻的晶粒，要使相邻的晶粒产生滑移，就必须增加外加应力，才能启动第二晶粒的位错源运动，因此对于多晶体，外加应力必须大至足以激发大量晶粒内的位错源运动，产生滑移，才能观察到宏观的塑性变形[172]。

晶界的数量直接取决于晶粒的大小，相同体积内，晶体材料的晶粒越小，晶界数量越多。所以材料的硬度、屈服强度、疲劳强度等性能和晶粒大小之间的关系都可以用霍尔-佩奇（Hall-Petch）公式来表示：

$$\sigma_s = \sigma_0 + Kd^{-\frac{1}{2}} \tag{5-19}$$

式中　σ_0——晶内对变形的阻力；

　　　K——晶界对变形的影响系数，与晶界结构有关。

由此关系式可以看出，晶粒越小，材料的屈服强度和硬度越大。

弹性模量随载荷增大的变化曲线如图 5-21 所示，由图上可以看出，致密层模量的测量值也是随着加载载荷的增大而减小，并且在 15~25 g 会出现一个平台，与硬度测量值的变化趋势基本一致，所以取平台处的测量值作为表面致密层的弹性模量，NbC 表面致密层弹性模量为 505.3 GPa。

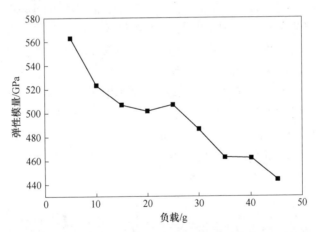

图 5-21　不同压入载荷时 NbC 致密陶瓷层表面弹性模量

陶瓷材料弹性模量的大小直接关系到陶瓷材料的理论断裂强度，Orowan 提出材料的理论断裂强度可以用以下公式表示[54]：

$$\sigma_{th} = (E\gamma/a)^{1/2} \tag{5-20}$$

式中　γ——断裂表面能，表示材料断裂时形成单位面积的新表面所需能量，一般的陶瓷材料 γ 约为 10^{-4} J/cm²；

　　　a——原子间距，约为 10^{-8} cm。

由以上条件可以估算出 $\sigma_{th} \approx E/10$。由此可见，陶瓷材料的理论断裂强度 σ_{th} 与弹性模量成正比。表 5-4 列举了几种典型陶瓷材料的弹性模量，对比可以看出，NbC 表面致密层的弹性模量远远高于表中所列陶瓷材料，由此可知，对于常见的各类陶瓷材料，该工艺制备出的 NbC 致密陶瓷具有较高的理论断裂强度。

表 5-4   几种陶瓷材料的弹性模量值

材料	Al_2O_3 陶瓷	BeO 陶瓷	BN （热压、气孔率 5%）	TiC 陶瓷 （气孔率 5%）	ZrO_2 陶瓷 （气孔率 5%）	MgO 陶瓷 （气孔率 5%）	滑石瓷	莫来石瓷	$MgAlO_4$ 陶瓷
E/GPa	366	310	83	310	150	210	69	69	238

5.2.2   高体积分数微纳米结构 NbC 截面梯度材料硬度和弹性模量

采用纳米压入法对复合材料的硬度和弹性模量进行测试，结果如图 5-22 所示，图中 A、B、C、D 4 层分别代表 NbC 致密陶瓷层、梯度分布层、颗粒分散层和基体。从图 5-22 可以看出，材料的显微硬度值从表面到基体是逐渐减小的趋势，NbC 致密陶瓷层显微硬度最高达到了 23.5 GPa，达到了铁基体的 8 倍左右，这是由于这一层几乎全部由细小的 NbC 颗粒组成，且颗粒结合致密。梯度分布层组织特点是 NbC 体积分数由靠近致密层向分散层逐渐减小，因此其硬度值也是呈阶梯状变化，由 11 GPa 逐渐降到 6 GPa 左右，起到一个很好的过渡作用，颗粒分散层由于 NbC 颗粒的体积分数较小，相同距离上的变化并不是很大，故硬度值的减小速度明显放缓，硬度值在 5 GPa 左右，仅略高于基体的 3 GPa。NbC 致密陶瓷层的弹性模量 E 最高达到了 435 GPa，达到了纯 NbC 陶瓷 340~520 GPa 的模量范围，而 E 的变化和趋势与硬度基本一致。材料的硬度值和模量的梯度变化与 NbC 的体积分数密切相关，体积分数越高，则硬度和弹性模量的值越高。

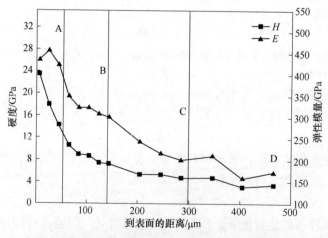

图 5-22   NbC/Fe 表面陶瓷复合材料硬度及弹性模量

　　复合材料不同区域的纳米压痕载荷-压深曲线如图 5-23 所示，由图中可以看出，材料从 NbC 致密陶瓷层到铁基体压入深度逐渐增大，卸载后的残余深度也是依次增大，而弹性恢复的距离基本相同，说明纳米压入时材料从致密层到基体塑性变形量逐渐增大，弹性变形变化不大，即弹性变形在总变形中所占的比例是逐渐减小的。基体材料在最大载荷处的蠕变量明显高于复合材料区。

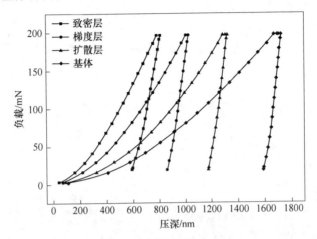

图 5-23　复合材料不同区域的纳米压痕载荷-压深曲线

　　复合材料不同区域纳米压痕形貌如图 5-24 所示，其中图 5-24（a）~（d）分别为 NbC 致密陶瓷层、梯度分布层、颗粒分散层和基体的压痕的扫描电镜照片。由图中可以看出，从致密层到基体，纳米压痕尺寸逐渐增大，NbC 致密陶瓷层压痕坡面向压痕中心有收缩现象，这是由于致密陶瓷层在卸载后发生了较为明显的弹性变形，和压深曲线一致。梯度分布层和颗粒分散层是典型的陶瓷颗粒增强的复合材料，在压入时颗粒起到很好的支撑作用，避免了更大的塑性变形。梯度分布层的压痕边缘有明显的塑性隆起，这是由于 NbC 颗粒体积分数较高，而且与铁基体层状相间分布，在 NbC 颗粒聚集的区域颗粒结合较为紧密，而两侧颗粒较为分散且铁基体较多，当产生较大应力时，铁基体较多，NbC 颗粒较少的区域易发生塑性变形，而 NbC 颗粒聚集区域的颗粒会被挤压，向周围变形，这种不均匀的变形就会产生塑性隆起的现象。

　　复合材料 NbC 致密陶瓷层几乎完全由硬质 NbC 陶瓷颗粒组成，而陶瓷颗粒本身具有较高的硬度和弹性模量，所以 NbC 致密陶瓷层表现出超高的硬度。由于增强颗粒 NbC 在铁基体内的形成与扩散，使得在材料内部产生了众多 NbC 颗粒与基体的合金界面，以及 NbC 颗粒之间的界面，这些界面会阻碍位错运动，产生位错塞积，从而使得材料的变形抗力增加，宏观则表现为硬度与弹性模量的提高，而且 NbC 的颗粒越细小和致密，这种作用越强[173]。此外，由于 NbC 颗

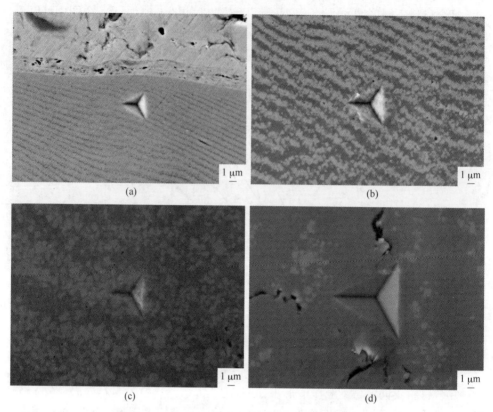

图 5-24 复合材料不同区域的纳米压痕微观形貌

（a）NbC 致密陶瓷层；（b）梯度分布层；（c）颗粒分散层；（d）基体

粒的存在，阻碍了铁基体在保温和冷却过程中奥氏体的形核和长大，产生细化基体晶粒的作用。在材料表层产生 NbC 的过程中，会消耗基体内的石墨，减小石墨对基体材料的割裂作用，提高了材料的硬度和强度。

复合材料的硬度和弹性模量比沿表面 NbC 致密陶瓷层向铁基体的变化过程如图 5-25 所示。从之前的结论来看，复合材料的硬度和弹性模量沿表面向基体都是减小的，而从图 5-25 中可以看出，H/E 也大致呈现出这样的趋势，这说明材料硬度的变化速率远远大于弹性模量，可见硬度对 NbC 颗粒体积分数的敏感性远高于弹性模量。

一般情况下，弹性模量减小，材料抵抗弹性变形的能力减小，刚度下降，材料的磨损减小；硬度升高，磨损较小，耐磨性提高。由此可以得到，对于同一种材料，硬度和弹性模量的比值 H/E 是影响材料摩擦磨损性能的重要参数。材料的 H/E 值越大，材料的耐磨性越高。材料硬度提高，在相对摩擦时抵抗外界微凸体刺入的能力提高，使得磨粒难以进入材料的表面，所以就难以形成犁沟、剥

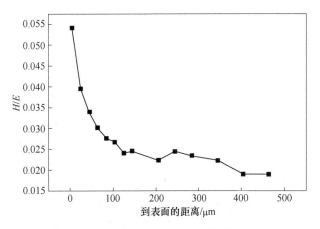

图 5-25 复合材料的硬度和弹性模量比

落等形式的磨损现象，提高了材料的耐磨性。弹性模量减小，材料的刚度减小，更易发生弹性变形，材料在受到外界颗粒的挤压时往往会发生弹性变形来允许磨粒的通过，而材料本身则保持完整性。

5.2.3 残余应力测试

XRD 法是测定材料残余应力最准确的技术之一，其原理是对于多晶材料（晶粒均匀细小、无择优取向），无应力时，不同方位的同族晶面间距是相等的，当存在残余应力时，不同晶粒的同族晶面间距随晶面方位及应力大小发生有规律的变化。当存在压应力时，晶面间距变小，因此，衍射峰向高角度偏移，反之，当存在拉应力时，晶面间的距离被拉大，导致衍射峰位向低角度位移。相应的衍射峰也将产生位移，通过测量衍射线位移，得到的结果是残余应变，而残余应力是通过胡克定律由残余应变推导得到的[65-66]。由 X 射线衍射理论与弹性力学可以推导出残余应力。

$$\sigma = -\frac{E}{2(1+\nu)}\cot\theta_0\,\frac{\pi}{180°}\,\frac{\Delta 2\theta}{\Delta\sin^2\psi}$$

令：

$$K = -\frac{E}{2(1+\nu)}\cot\theta_0\,\frac{\pi}{180°}$$

$$M = \frac{\Delta 2\theta}{\Delta\sin^2\psi}$$

则：

$$\sigma = KM$$

式中　E——弹性模量；

　　　ν——泊松比;

　　　σ——残余应力;

　　　θ_0——无应力时的衍射角;

　　　ψ——方位角即试样表面法线与晶面法线的夹角;

　　　K——应力常数,取决于被测材料的弹性性质及所选衍射面的衍射角;

　　　M——2θ-$\sin^2\psi$ 直线的斜率。

　　由于 K 为常数且为负值,当 M>0,应力为负,即压应力,反之则为拉应力。

　　用 MSF-3M 型 X 射线衍射仪对显微压痕试样进行残余应力测试,$\sin^2\psi$ 法应力测定数据见表 5-5。将 2θ-$\sin^2\psi$ 线性拟合,如图 5-26 所示。

表 5-5　$\sin^2\psi$ 法应力测定数据

序号	ψ/(°)	$\sin^2\psi$	2θ/(°)
1	0.00	0.000	152.066
2	18.40	0.100	152.210
3	26.60	0.200	152.417
4	33.20	0.300	152.574
5	39.20	0.399	152.918
6	45.00	0.500	152.123

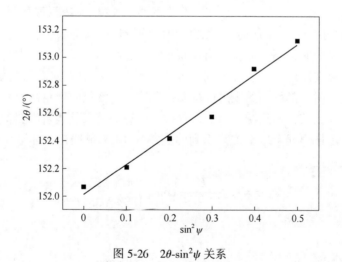

图 5-26　2θ-$\sin^2\psi$ 关系

　　图 5-26 是对 2θ 和 $\sin^2\psi$ 的离散数据进行拟合,二者呈现线性关系。直线截距 (ψ=0°) 为 151.979°;斜率为 2.25,即 M=2.25>0;应力常数 K=−180.00 MPa/(°),故检测到的残余应力为压应力。应力大小为 σ=−404.71 MPa±23.64 MPa。以上检测结果表明:NbC 增强层表面存在较大的残余压应力,且残余压应力的存在能起到应力增韧的作用,提高增强层的断裂韧性。

5.3　高体积分数微纳米结构 NbC 增强层断裂韧性的研究

5.3.1　显微压痕实验及裂纹的判定

5.3.1.1　显微压痕实验

以 4.2.1 节中制备的 HVF 微纳米结构 TaC 增强层为研究对象计算断裂韧性。首先将热处理后的试样用线切割成 5 mm×5 mm×10 mm，用 240~2000 目（60~6.5 μm）的砂纸逐步打磨将试样截面，然后用 1.5 μm 金刚石抛光剂将 NbC 增强层截面抛光至镜面，待后续压痕实验。根据在截面加载产生裂纹的最小载荷和增强层厚度与压痕大小的关系，选择 2 N、3 N、5 N 和 10 N 作为加载载荷，保载时间为 10 s。维氏压头压入 NbC 增强层截面的示意图如图 5-27 所示。通过对压痕尺寸及裂纹长度等参数的测量统计，选择适当公式计算由压痕压制荷载 P 引入加载应力场强度因子 K_P。为了保证数据的准确性，在目标区域重复 5 次，压痕间距为 20 μm。

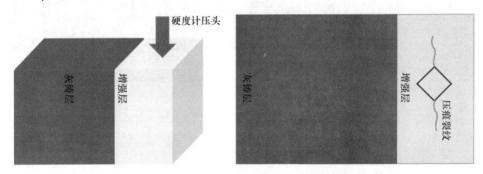

图 5-27　NbC 增强层横截面维氏压痕实验示意图

不同载荷下的 NbC 增强层截面残留的压痕形貌如图 5-28 所示。随着载荷的增大，压头压入时，菱形压痕尖角处产生裂纹并扩展。可以看出：当载荷分别为 2 N、3 N、5 N 和 10 N 时压痕尖端有明显的裂纹产生。测量 c 与 l 等参数的长度，建立 c 与外加载荷 P 之间的关系曲线。

5.3.1.2　裂纹类型的判定

依据计算 TaC 增强层断裂韧性的方法同样对 NbC 增强层的断裂韧性进行研究。通过 l/a 的大小判断裂纹类型[174]：$l/a \geqslant 1.5$ 则该裂纹为半币裂纹，若 $l/a <1.5$ 则其为巴氏裂纹。对同条件实验中大量 l/a 进行统计可知，l/a 均小于 1.5。图 5-29（a）是压痕载荷 P 与压痕对角线半长和裂纹长度总和 c 的关系，P 与 $c^{3/2}$ 呈现线性关系，即 $P/c^{3/2}$ 是一个与压痕载荷无关的常数，这就能证明该实验中 Vickers 压头在 NbC 增强层截面引进的裂纹为半币裂纹[71-72]。

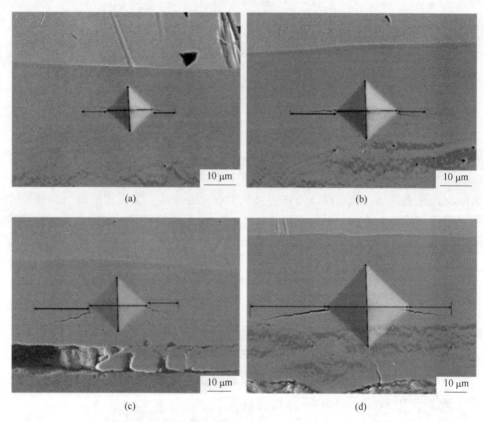

图 5-28　NbC 增强层横截面不同载荷下显微压痕形貌

(a) 2 N；(b) 3 N；(c) 5 N；(d) 10 N

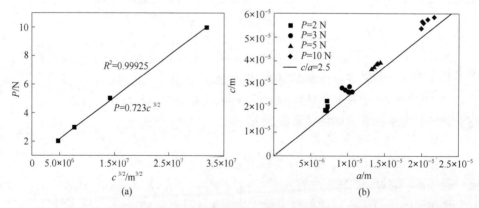

图 5-29　压痕载荷 P 与压痕对角线半长和裂纹长度总和 c 的关系（a）及不同载荷下

NbC 增强层横截面 c/a 的数值（b）

图 5-29 （b）为 NbC 增强层截面在不同载荷下 c/a 的值。为了减小压痕测试过程中的离散型误差，在每个载荷下进行了 5 次加载。图中 c/a 的值与材料的组织密切相关，同时又会随着载荷的增加而发生变化。c/a 的值是判断裂纹类型的一个重要判据。从图中可以看出加所有载荷下 c/a 的值均大于 2.5，这表明在 2~10 N 载荷下 NbC 增强层表面压痕裂纹为半币裂纹。

根据以上两种判断结果可知：（1）$P/c^{3/2}$ 是一个与压痕载荷无关的常数；（2）所有载荷下 c/a 的值均大于 2.5。两种实验判断结果与文献［73］中提出的判断 Vickers 压痕在脆性材料表面引进的裂纹是否为半币裂纹的两个基本判据一致。两种判断结果验证了在加载载荷为 2 N、3 N、5 N 和 10 N 的维氏压痕实验条件下，本书所制得的铁基表面 NbC 增强层截面经压制后所形成的裂纹系统为半币裂纹。

5.3.2 断裂韧性的测试和计算

半币裂纹通常是出现在脆性材料中，可用式（5-7）~式（5-9）进行断裂韧性的计算；而巴氏裂纹一般是出现在低载情况下或是韧性材料中，可用式（5-10）~式（5-12）进行计算，其中式（5-10）和式（5-11）对断裂韧性的计算更为准确。

利用扫描电镜对出现裂纹的显微压痕进行相关参数测量，所得值见表 5-6。根据式（5-10）和式（5-11）计算 10 N 时的断裂韧性分别为 8.62 MPa·m$^{1/2}$ 和 8.77 MPa·m$^{1/2}$。相比较文献中所报道的纯的 NbC 的断裂韧性为 3 MPa·m$^{1/2}$ [175]，NbC（8%）-Co 的断裂韧性为 5.5 MPa·m$^{1/2}$ [176]，以及 NbC（12%）-316L 的断裂韧性为 6.16 MPa·m$^{1/2}$ [177]，本书中研究的微纳米结构 NbC 增强层具有较高的断裂韧性值，所测量位置几乎为全陶瓷颗粒。这是由于细小的微纳米结构 NbC 颗粒的形成使得在外加载荷作用下，裂纹的偏转沿着晶界扩展。相比大晶粒中的穿晶断裂，裂纹编转可以消耗更多的能量。

表 5-6　HVF 微纳米结构 NbC 增强层中的压痕参数以及 K_{IC} 值

位置	负载	压痕参数		K_{IC}/MPa·m$^{1/2}$		
		$a/\mu m$	$l/\mu m$	E-式（5-10）	E-式（5-11）	E-式（5-12）
表面	5 N	19.9±0.3	3.9±0.1	7.83	7.98	23.80
	10 N	21.1±0.2	3.0±0.7	8.62	8.77	27.54
	20 N	30.8±0.4	4.4±0.8	9.71	9.89	31.18

材料的硬度与微观结构直接相关，之所以 HVF 微纳米结构 TaC 增强层表现出比 NbC 更高的硬度，是因为 TaC 的晶粒更加细小，且致密度较高。高硬度直接依赖于材料的致密度。从微观机制方面分析，由于 TaC 晶粒与铁基体结合界面

上必然存在着低界面能结构[178]，使得界面结合强度高。高强界面结合导致 TaC-Fe 复合时无空隙存在，使得材料整体硬度提高。

同样韧性与其微观结构息息相关，结合前一章节中对增强相与基体界面及增强相颗粒与颗粒之间 HRTEM 的分析，可从微观上得出结论：增强相的增韧机制主要是界面的高强结合，并与高硬度和高模量 TaC 和 NbC 的补强增韧有关。另外，由于增强相颗粒比基体硬，可有效抑制裂纹通过它传播，这样就降低了裂纹的移动性从而提高了材料整体的韧性。若增强相晶粒足够细小，在外界载荷下微裂纹将围绕微纳米颗粒扩展，即从微观结构的角度证明通过细化晶粒可提高材料整体韧性。

图 5-30（b）为表面压痕尖端处裂纹的微观形貌，由图中可以看出，裂纹是沿着 NbC 的晶界曲折扩展的，这说明裂纹并不是加载时快速形成的，而是缓慢逐渐形成的，这样的裂纹扩展形貌是典型的沿晶断裂。目前提高陶瓷材料的韧性有多种方式，主要分为两大类：一类是在陶瓷材料的制备过程中通过优化工艺来减少材料中的缺陷，如气孔、杂质及原始裂纹等，另一类是通过添加第二相的增强材料，如颗粒、晶须等来增韧强化。具体的增韧措施有颗粒弥散、相变增韧、晶须增韧、显微结构增韧、层状复合增韧及固溶增韧等。这里只介绍和讨论与本书实验中具有特殊结构的 NbC 陶瓷相关的增韧机制，主要有以下几种[179]。

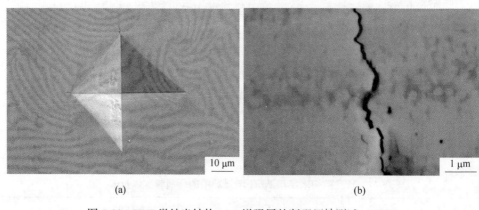

(a)   (b)

图 5-30 HVF 微纳米结构 NbC 增强层的断裂韧性测试（20 N）

(a) 显微压痕的 SEM 照片；(b) 压痕尖角裂纹沿晶扩展的放大照片

（1）改善陶瓷显微结构。在材料的制备过程中，设法使陶瓷的晶粒更加细小，组织更加致密和均匀，可以有效提高陶瓷材料的断裂韧性，而且在烧结制备的过程中应该保持原料的纯净，尽量避免外来污染物带来的组织缺陷。

（2）自增韧。自增韧指的是通过材料成分和工艺控制，在一定条件下使陶瓷晶粒在原位生成，并且具有较大长径比的形貌，这种结构类似于晶须的补强增韧作用，这种方法形成的陶瓷晶粒不会产生外加颗粒和晶须时产生的界面污染和应力等问题。

（3）层状复合增韧。层状复合陶瓷强韧化机制是将陶瓷材料设计为层状结构，不同层之间膨胀系数、收缩率等材料性能各不相同，不同层之间存在残余应力场是主要的增韧增强机制，它是一种能量耗散机制，与传统上消除材料内部缺陷来提高性能的方法不同，是一种耐缺陷材料。

NbC 致密陶瓷层表面的断裂韧性 K_C 远高于截面，造成这种现象的原因和材料的组织密切相关。由于复合材料 NbC 颗粒呈梯度分布，即使 NbC 致密陶瓷层的 NbC 颗粒比较致密，铁基体含量较少，沿梯度方向还是呈现出铁基体逐渐增加的趋势，在实验压头压入表层的过程中，下层的组织会对压入能量起一个吸收缓冲的作用，减小表层压痕尖端处的应力集中，提高其断裂韧性。

若多晶材料的破坏是沿晶界断裂的，而对于细晶材料来说，晶界比例大，当裂纹沿晶界破坏时，裂纹的扩展要走迂回曲折的道路，晶粒越细，则相同距离内裂纹扩展路径越长，需要消耗的能量越多，材料越不容易断裂；此外，多晶材料的初始裂纹尺寸与晶粒相当，当晶粒越细时，初始的裂纹尺寸就越小，越不容易产生裂纹扩展和材料的破坏，在一定程度上提高了材料的机械强度[54]。本书的实验工艺制备的 NbC 致密陶瓷层颗粒非常细小，基于以上理论，材料的断裂韧性相对于其他陶瓷材料有了成倍提高。由于致密陶瓷层 NbC 颗粒沿截面向铁基体方向呈梯度分布，并且结构上是层状分布的，可以观察到有少量铁基体的存在，这些铁基体本身具有较高的塑韧性。当有外加应力时，层状结构和铁基体可以产生能量耗散的作用，且基体和陶瓷颗粒可以协同变形而不至于开裂，提高了材料的断裂韧性。本书实验工艺采用原位合成技术，陶瓷颗粒本身不存在界面污染的问题，并且采用较小的冷却速度，使得 NbC 致密陶瓷层缺陷和残余应力较少，在颗粒的生长过程中可以观察到晶粒的取向连接生长，生成的部分陶瓷颗粒具有长条状的形貌，这些优势都可增加材料的断裂韧性，可认为是自增韧机制。

本章采用压痕法来研究 TaC（NbC）增强层的力学性能和断裂韧性，表征 TaC（NbC）增强层的硬度、弹性模量、蠕变和断裂韧性等，根据裂纹公式来判断裂纹类型，从而对增强层的断裂韧性进行计算。

（1）HVF 微纳米结构 TaC 增强层表面和横截面处硬度值分别约为 29.54 GPa 和 26.68 GPa，弹性模量约为 549.74 GPa 和 560.19 GPa，与其理论值比较接近，表明力学性能良好。从截面和表面多次的纳米压痕实验的载荷位移曲线可知，所得增强层组织均匀。聚焦离子束对于纳米压痕底部塑性变形的研究表明：450 mN 加载下，变形 TaC 晶粒内部的非弹性变形为位错的产生和原子错排所形成的堆积层错，以及平行于加载方向显微裂纹的萌生。

（2）维氏压痕结合公式法计算断裂韧性时，裂纹系统的判断严重影响 K_{IC} 计算公式的选择。HVF 微纳米结构 TaC 增强层断裂韧性的研究表明：根据曲线法判断，HVF 微纳米结构 TaC 增强层实验载荷下所得压痕及裂纹中均有 $l/a < 1.5$，即为巴氏裂纹系统。可选择合适公式（式（5-10）和式（5-11））计算 HVF 微纳米结构 TaC 增强层断裂韧性，$1 \sim 10$ N 载荷下式（5-10）计算所得断裂韧性值范围为 $4.1 \sim 5.75$ MPa·$m^{1/2}$；式（5-11）计算所得断裂韧性值范围为 $4.2 \sim 6.10$ MPa·$m^{1/2}$。相比纯 TaC 陶瓷，TaC 增强层具有更高的断裂韧性，即抵抗裂纹扩展的能力较强。

（3）纳米压痕实验测得 HVF 微纳米结构 NbC 增强层横截面的硬度和弹性模量分别为 20.69 GPa 和 438.24 GPa；表面的硬度和弹性模量分别为 23.5 GPa 和 435.0 GPa。从表面多次的纳米压痕实验的载荷位移曲线可知，所得增强层组织均匀。同样利用曲线法判定得出 HVF 微纳米结构 NbC 增强层加载 5 N、10 N 和 20 N 时所出压痕裂纹为巴氏裂纹类型，根据公式计算可得，断裂韧性值为 $7.83 \sim 9.71$ MPa·$m^{1/2}$ 和 $7.98 \sim 9.89$ MPa·$m^{1/2}$。压痕尖端裂纹沿晶界扩展，可消耗更多能量，裂纹扩展阻力提高，断裂韧性较高。

（4）从微观上得到增强相的增韧机制主要是界面的高强结合及增强相 TaC 和 NbC 本身高硬度和高模量的补强增韧；最重要的是增强相 TaC 和 NbC 颗粒都为微纳米级别，细小晶粒也是断裂韧性提高的一种有效方式。

6 铁基表面 TaC、NbC 增强层的
磨粒磨损特性研究

6.1 TaC、NbC 的磨粒磨损机理

表面破坏是众多零部件失效的形式之一。其中，磨损导致的失效占比有 60%～80%。磨损的种类众多[180]，按照表面破坏机理特征，磨损可以分为磨粒磨损、黏着磨损、表面疲劳磨损、腐蚀磨损和微动磨损等。按照接触面可分为两体磨粒磨损和三体磨粒磨损。磨粒磨损指由硬质颗粒或硬突起与金属表面相互作用，使金属产生磨屑而导致材料破坏的磨损现象[181]。磨料磨损造成的损失在磨损失效中占到 50%[182]。随着我国重工业的发展，在冶金、矿山、建材、电力、水利机械工业中，对各种磨粒磨损件的耐磨性提出了更高的要求。因此，研究增强层的磨粒磨损性能及其磨损机理，以制备出高性能的耐磨层来满足工业生产实际要求，具有重要的实际和理论意义[183]。

分析认为，在载荷变化和温度变化的条件下，摩擦磨损形式主要有磨粒磨损、黏着磨损和疲劳磨损。在温度变化的条件下，摩擦磨损形式除了以上几种，还有少量的氧化磨损。

（1）磨粒磨损机理。磨粒磨损的两种形式如图 6-1 所示。当 TaC 致密陶瓷层表面的微凸体与另一表面作用时，主要表现为对另一表面中较软物的磨损而产生塑性变形，该磨损形式在对磨材料摩擦跑合期和高温高载荷下的磨损中比较常见。摩擦表面的微凸体在较高的载荷作用下，会同时出现微凸体相互压入和啮合，如在表面作切向运动时，微凸体将 "犁削" TaC 致密陶瓷层表面。犁削是严重的划伤、损伤的累积，并由此产生材料脱落的现象。形成的磨屑停留在摩擦表面，部分磨屑镶嵌在表面。以上这两种就形成了两体磨损（如图 6-1（a）所示）。而其他的磨屑就在两对磨材料之间自由移动，形成三体磨损，如图 6-1（b）所示。磨粒尺寸多为亚微米到几个微米。磨粒磨损贯穿在整个磨损过程中，并且往往和其他磨损方式结合在一起形成复合磨损。

（2）黏着磨损机理。黏着磨损是一种以摩擦应力的剪切分力为主要破坏作用力的磨损方式。它与摩擦副材料、工况参数有着密切的关系[65]。当 TaC 致密陶瓷层表面和 45 钢表面相对滑动时，滑动使对磨表面上的接触点产生剪切作用，导致两材料之间有碎片形成，或者由于黏着效应，从一个表面剥离的碎片迁移到

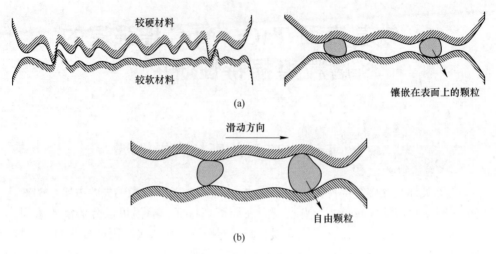

图 6-1　磨粒磨损的形式

（a）两体磨损；（b）三体磨损

另一个表面上，如图 6-2 所示。影响 TaC 致密陶瓷层表面发生黏着磨损的主要因素有载荷和表面温度，载荷增大，使对磨材料上的黏着结点形成速度增加，即加大了摩擦应力的剪切分力。同时还加大了摩擦应力的机械分力，引起疲劳磨损和磨粒磨损，产生复合磨损并加剧摩擦表面的磨损；温度增加，能提供足够的能量破坏黏着结点，提高破坏速度，同时也提高了黏着结点的生成速度。

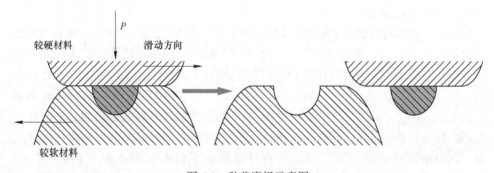

图 6-2　黏着磨损示意图

（3）疲劳磨损机理。当摩擦表面或亚表面的微裂纹扩展成为平行于表面的裂纹时，产生大量的凹坑、碎片及较大尺寸的片状磨屑。疲劳磨损是在黏着磨损和磨粒磨损产生过程中同时伴有的磨损形式[66]，但对 TaC 陶瓷材料的破坏一开始并未存在，而是达到一临界值才产生。当达到临界值后，TaC 致密陶瓷表面出现大量的凹坑、碎片，还有大片材料剥离的磨损现象。

实验室对磨粒磨损的传统测试方法是磨粒在工件表面反复碾压，但这样的反复过程使得材料在磨损中的变形和破坏相互影响，因此不能精准地表征每一个变形破坏细节。研究表明[184]，单磨粒磨损试验——刻划实验可表现出类似的磨粒磨损行为。这是由于刻划实验的实施一般是在可知载荷、加载速率和刻划距离的情况下，按压压头在样品表面滑动。刻划过程中垂直加载诱发切向载荷，导致刻划留痕中出现不同的变形或破坏，即可提供各载荷下材料的磨损演变损坏，以此解析磨损机制。特别是在刻划-线性加载中，即增加载荷与划痕距离以研究单条刻划痕迹中连续载荷下的变形、裂纹萌生、扩展、转变和相互作用等，从而判定材料不同的失效破坏方式。划痕实验另一重要应用是测试增强层与基体之间的结合强度，用以表征连续载荷下增强层抗划伤性。以载荷和划痕长度对刻划过程中的变形破坏声信号作函数得到声发射曲线，结合划痕图像以确定破坏的临界载荷值，即增强层与基体之间的结合强度。整个测试过程简单、灵活、快速，是评估薄膜的抗划伤性能最好的方法之一[185]。在连续加载刻划过程中，随着载荷增加裂纹萌生—转变—扩展—交互作用，增强层与基体之间胀裂，直到最后阶段增强层完全失效。整个刻划过程可分为：（1）L_{e-p}：弹性到塑性转变；（2）L_{C1}：凝聚力失效到边缘明显或并行的开裂；（3）L_{C2}：黏合失效到薄层从基体脱落；（4）L_{C3}：所有涂层失效且基体完全暴露在表面。在目前的工作中，L_{C2} 是用来标记薄膜和基体之间结合失效的临界载荷的。因为划痕实验是摩擦力和法向载荷共同作用于增强层表面的一个动态过程，因此影响 L_C 的因素很多，例如增强层厚度、增强层与基体的硬度、增强层结构及增强层/基界面结合方式等。但刻划实验是目前应用最广泛，且能够有效测定增强层与基体结合性能的一种方法，具有定量精度高和重复性好的特点。

Zunega 等人[186]研究了 1~50 μm 的金刚石压头时小载荷下 WC/Co 硬质合金表面的刻划行为，其主要磨损机制为塑性滑移和 WC 晶粒的开裂；大载荷下，刻划区域则表现为断裂、WC 颗粒的碎裂及滑移造成的堆积区域；并由刻划过程中样品去除的真实体积 V，结合刻划截面面积来计算体积损失。Deng 等人[187]应用纳米划痕技术探究了 20 nm 厚非晶态碳膜的黏附性能，结果表明：纳米划痕系统对超薄薄膜上由剧烈划痕造成的裂纹、分层和脆性断裂有非常好的灵敏度。由此看来，刻划实验是研究材料的基本磨损行为、摩擦性能及增强层与基体结合力的一种简单且可靠的方式[188-189]。

本章通过刻划法定量测试了两种 HVF 微纳米结构增强层与金属基体界面的结合强度，对界面结合方式和失效破坏形式进行了分析，并总结研究两者在连续加载下的变形和破坏失效机制，为 HVF 微纳米结构增强层实际有效而广泛的使用奠定基础。此外，重点研究梯度增强层中每一区域的磨粒磨损性能，分析磨料硬度、增强相的体积分数、形态和晶粒尺寸对梯度增强层中每一区域耐磨性的影响，并建立梯度增强层中各区域两体磨料磨损的物理模型，阐明各区域的磨损机制。

6.2 高体积分数微纳米结构 TaC 增强层单磨粒磨损行为的研究

6.2.1 高体积分数微纳米结构 TaC 增强层与基体结合强度

本节采用刻划实验对 4.1.1 节中制备所得高体积分数微纳米结构 TaC 增强层与基体之间的结合强度进行测试，连续线性加载 0~100 N，加载速率为 100 N/min，划痕长度为 3 mm，在相同条件下进行 2 次实验，A 和 B 两处的结合强度分别为 90.40 N 和 87.65 N，平均值为 89.03 N，其声发射曲线如图 6-3 所示。

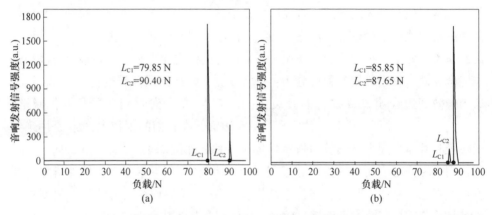

图 6-3　HVF 微纳米结构 TaC 增强层界面结合强度
(a) 划痕 A；(b) 划痕 B

划痕 A 的形貌照片如图 6-4 所示。从图中可以看出，随着载荷的增加，划痕宽度增加。为了方便比较，将分别定义 0~10 N、10 N~L_{C2} 和 L_{C2}~100 N 为低、中和高 3 个加载区域。

（1）在低载荷区域（0~10 N），最初刻划痕迹浅淡，沟槽底部光滑，增强层表面几乎无变化。图 6-4（b）左侧为刻划实验中低载荷区域的放大，即压头加载最初阶段的形貌，与未加载区形貌基本一致，为弹性变形区。

（2）在中载荷区域（10 N~L_{C2}），划痕犁沟底部及两侧边缘逐渐出现大量细小微裂纹，随着载荷的增大裂纹数量增大，扩展加剧，这与刻划过程中应力变化趋势一致，即所谓的塑性变形区。具体表现为：随着载荷的线性增加及压头向前行进，压头逐渐刺入样品表面，在划痕内部压头经过区域的后面形成了垂直于划痕方向的拉伸微裂纹，裂纹之间相互平行；同时，划痕犁沟两侧开始出现沿着划

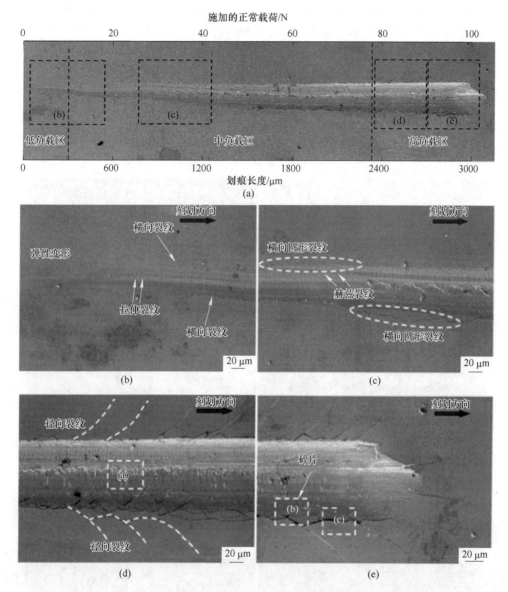

图 6-4 HVF 微纳米结构 TaC 增强层表面划痕 A 的形貌

（a）划痕 A 整体形貌的 SEM 照片；（b）~（e）连续载荷下变形破坏的放大（箭头为刻划方向）

痕方向的横向裂纹，平行于刻划方向。随着载荷的继续增大，刻划所致犁沟底部细小拉伸裂纹的间隔逐渐变宽且向划痕犁沟的两侧边界扩展，呈现出赫兹波的形式，可称其为赫兹裂纹；由于刻划实验所用压头为球形，因此在载荷线性增加时横向裂纹沿着刻划犁沟两侧边界呈现半环形扩展，横向环形裂纹从最初的刻划犁沟两侧边界处分别向未加载区域延伸，且变宽加长，扩展进一步加剧，如图 6-4（c）所示。

（3）在高载荷区域（$L_{C2} \sim 100$ N），当超过临界载荷时，随着载荷及压头刺入深度的增加，横向环形裂纹随着加载逐渐增长变宽，密集度增加，此时由于加载过程中的能量不能完全释放，横向环形裂纹加剧扩展转变为径向裂纹，如图 6-4（d）所示。在横向环形裂纹两侧开始出现与刻划方向成 45°夹角的径向开放式裂纹，且以刻划犁沟为中心线呈"人"字形分布。在加载的最后阶段，径向裂纹向未加载区域扩展加剧，在径向开放式裂纹和横向环形裂纹的共同作用下，TaC 增强层出现胀裂，如图 6-4（e）所示。各载荷区域中典型变形破坏的形貌放大如图 6-5 所示。

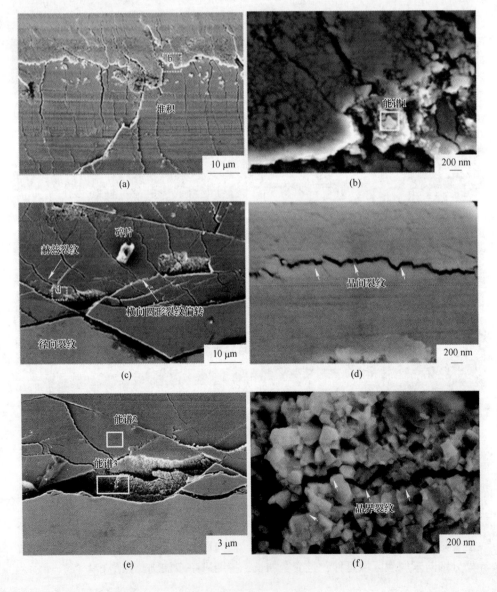

元素	质量分数/%		
	C	Fe	Ta
能谱1	8.16	2.11	89.73
能谱2	11.21	0.91	87.88
能谱3	12.93	3.98	83.09

(g)

图 6-5　HVF 微纳米结构 TaC 增强层表面变形及胀裂

（a）（b）塑性堆积；（c）裂纹的相互作用；（d）裂纹的沿晶扩展；（e）点剥落；

（f）次表层的形貌；（g）能谱

　　裂纹进一步扩展，划痕沟槽两边增强层开始出现小的点剥落，随着载荷的增加，划痕沟槽两边增强层胀裂加剧，TaC 增强层与基体分离且部分剥落导致其失效破坏，即所谓的破坏区。这是由于刻划实验中，当载荷增加到一定值时，应力集中较为严重，此时，有两种可能的方式释放应力集中：一种是通过裂纹的扩展及其之间的相互作用；另一种是通过分层。如图 6-4 所示，在表面开裂之前，应力集中可以通过裂纹的萌生和扩展得到释放。然而，当应力集中不能由单独的裂纹完全释放时，就会形成胀裂和分层[190]。

　　图 6-4（e）所示的碎裂是由赫兹裂纹、横向环形裂纹及径向裂纹综合作用的结果，由放大的扫描照片图 6-5（c）可以明显看出：横向裂纹是在赫兹裂纹之后形成的，横向环形裂纹使得赫兹裂纹的连续性破坏，相应的赫兹裂纹使横向环形裂纹扩展方向发生偏转，最后在外界载荷作用下增强层界面上最大剪应力大于临界胀裂应力，径向裂纹出现并剧烈扩展，HVF 微纳米结构 TaC 增强层开始失效，产生胀裂。在增强层界面发生胀裂时，由于残余压应力的作用，边缘区域产生了增强层与基体的分离，在胀裂与分层两种机制的双重作用下，TaC 增强层产生了破碎和剥离，出现剥落凹坑。随着载荷的继续增大，这种裂纹之间的相互作用加强，增强层的破坏加剧，如图 6-5（e）所示。

　　在整个刻划实验过程中，即使在最大载荷处也只是极少的胀裂和剥落发生，中载荷区域仅表现为材料塑性变形所引起的材料堆积（见图 6-5（a））及裂纹扩展，表明 HVF 微纳米结构 TaC 增强层具有较高的抗剥落能力，对于基体的保护作用较好，为该增强层在表面改性处理中的应用提供了良好的实验基础。从图 6-5（f）可以清晰看出，在最大载荷处的开裂是在增强层内部，而并非增强层与基体界面处，这就表明增强层和基体的结合强度高于增强层自身的强度。

6.2.2　高体积分数微纳米结构 TaC 增强层的变形及抗刻划机制

　　从上述 HVF 微纳米结构 TaC 增强层与基体结合强度的研究，可明晰各阶段裂纹萌生、演变和扩展，以及相互作用，即可得出增强层的变形及破坏机制，为 TaC 的应用奠定了实验基础。总体来看，其表现出与基体良好的结合性能，分析原因有以下 3 点。

（1）所制备 HVF 微纳米结构 TaC 增强层具有很强的抵抗外界载荷能力，这归因于微纳米结构 TaC 致密陶瓷具有较高的硬度和强度。增强层中细小 TaC 陶瓷颗粒的形成，使得晶界大量存在；在载荷增大时裂纹沿晶界扩展，一方面裂纹扩展路径增加，消耗了更多的能量（见图 6-5（d）（f））；另一方面，裂纹偏转弯曲过程中新生面的增多，也可消耗加载过程中的应力。在高载荷区约 85 N 处，刻划痕迹呈现出一些材料的堆积，由图 6-5（b）中 EDS 分析可知为 TaC，这样的堆积是由于 TaC 具有较强的金属性[127]。另外，从图 6-5（g）中能谱结果可知：颗粒之间存在少量铁素体；由于 Fe 具有较高的韧性，延滞了裂纹生长；与文献中 Co 在 WC-Co 金属陶瓷中的作用类似[191]。

（2）由于制备所得 HVF 微纳米结构 TaC 增强层具有一定的厚度，当压头作用在厚的增强层表面时，应力传递到界面处急剧减小，因此在整个刻划过程中并未出现大范围碎裂。从微小的点剥落所裸露出次表层的组织及成分分析（见图 6-5（f）（g））可知：其为 TaC 陶瓷颗粒，而并非基体。在整个刻划过程中，即便在最大载荷处也仅为次表层颗粒的开裂，而基体依然受到增强层的保护。

（3）最重要的是因为制备所得 HVF 微纳米结构 TaC 增强层中增强体与基体是原位反应的化学键结合，呈现良好的冶金结合，从前面章节界面的线扫描照片明显可见元素的扩散迁移。

相较于文献中 Ir-Zr 涂层与基体的结合强度仅为 15 N[192]，HVF 微纳米结构 TaC 增强层与基体结合强度较高为 90.4 N，表明 HVF 微纳米结构 TaC 增强层具有较高的抗刻划破坏能力，从而保护基体免受破坏。经验说法表明：当用 Rockwell 金刚石实施刻划实验时，若临界载荷为 30 N，则这种材料可以成功应用于器件中[193]。由此可知，所得 HVF 微纳米结构 TaC 增强层具有较大的工程应用潜力。

6.3 铁基表面 TaC-Fe 梯度复合增强层两体磨损及磨损机制研究

6.3.1 TaC-Fe 梯度复合增强层中不同区域的磨粒磨损性能研究

载荷为 5 N 时，基体和 TaC-Fe 梯度增强层的相对耐磨性与厚度的关系曲线如图 6-6 所示。沿 4.1.2 节中 TaC-Fe 梯度增强试样表面到基体内部，相同载荷下梯度中每一区域表现出比基体更高的耐磨性。尤其是梯度复合材料的表面微纳米结构 TaC 陶瓷致密区，当基体的相对耐磨性为 1 时，该区域的相对耐磨性最高可达基体的 170 倍。微米结构 TaC 陶瓷区及颗粒复合区的相对耐磨性相比基体都有较大提高。当 [A] 和 [B] 两区域遭受破坏后，[C] 区中由于颗粒长大分散、基体增多，抵抗外界载荷作用的能力减弱，相对耐磨性逐渐降低，相比基体，[C] 区域相对耐磨性仍较高。这是由于颗粒复合层中的 TaC 陶瓷颗粒对基体强有力的弥散强化作用。随着距表面距离的增大，复合层的相对耐磨性呈现明显的梯度减小。

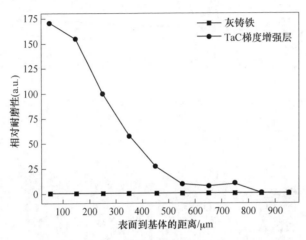

图 6-6　TaC-Fe 梯度增强时从表面到基体的相对耐磨性

　　这 3 个区域的磨损形貌分别如图 6-7（a）~（c）所示。图 6-7（a）为 TaC 致密陶瓷区的磨损形貌图，图中箭头为 Al_2O_3 磨粒的运动方向，由图可见 [A] 区的磨损表面呈现不平整的状态，凹凸部分没有明显的方向性，其为 Al_2O_3 磨粒作用下的局部塑性变形。图 6-7（b）是微米结构 TaC 陶瓷区的磨损形貌，磨损具有明显的方向性，出现浅微犁沟，表明磨损加重；图 6-7（c）是 TaC 颗粒分散层的磨损形貌，相比 [A] 区和 [B] 区磨损切削明显较重，沟槽变宽变深，且有部分颗粒在反复载荷作用下出现破裂现象。图 6-7（d）是基体的磨损形貌，从图中可以看出切削槽深宽且排列杂乱。这是因为在磨损实验中，灰口铸铁从磨损凹槽两侧脱去，在磨损过程中磨屑堆积并被磨粒拉动形成严重切削造成的。基体的硬度最小，抵抗外界载荷能力较弱，耐磨性最差。

　　众所周知，耐磨性与原材料的硬度（H_m）有着直接的关系，对 TaC 陶瓷梯度复合增强层的显微硬度进行测量，结果如图 6-8 所示。由于增强层中 TaC 陶瓷颗粒大小及体积分数的逐级变化使得硬度呈现相应的梯度特性。[A] 区的显微硬度较高，（$HV_{0.1}$）最高值为 2328，达到灰铸铁硬度的 22 倍。它被认为主要是由于该区域中 TaC 细小晶粒形成致密陶瓷区。在深度为 35 ~ 170 μm 处的 [B] 区，硬度值（$HV_{0.1}$）从 2024 降至 1682，且靠近致密陶瓷区一侧的硬度值较大。

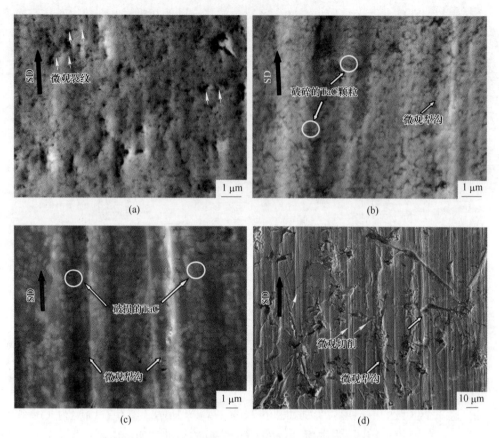

图 6-7　TaC-Fe 梯度增强层各区域的磨损形貌照片
(a) 区域 [A]；(b) 区域 [B]；(c) 区域 [C]；(d) 区域 [D]

从图 6-8 可以看出，相较于区域 [A] 和区域 [B]，区域 [C] 中的颗粒逐渐长大并分散，因此硬度值随着 TaC 颗粒体积分数的梯度减小而降低；相应地，耐磨性也呈现出与硬度相同的趋势。

对各区域的显微硬度所留压痕形貌表征，有利于理解上述硬度值梯度特征的形成原因。显微硬度压痕形貌与位置的照片如图 6-9 所示。可以看出，显微硬度的高低与 TaC 陶瓷颗粒的体积分数直接相关。区域 [A] 碳化钽颗粒的密集程度最高，颗粒与颗粒之间几乎无基体存在，高硬度 TaC 颗粒之间的刚性接触保证了该区域抵抗外界载荷的能力较大；相比其他区域，显微硬度测试之后所留压痕尺寸最小，其压痕半径仅为 4.45 μm（见图 6-9 (a)）。区域 [B] TaC 颗粒的密集程度略有降低，颗粒之间有少量基体存在，由于基体硬度比碳化钽颗粒硬度小很多，表现为区域 [B] 显微硬度值会随之降低，压痕尺寸为 6.54 μm，如图 6-9 (b) 所示。而区域 [C] 和近基体区域的压痕形貌，由于基体进一步增多，因此硬度

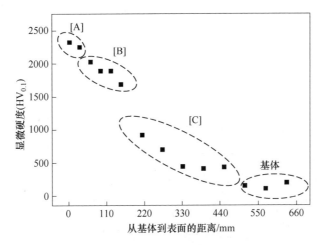

图 6-8 增强层中显微硬度的梯度变化

也随之下降，压痕尺寸进一步增大，分别为 11.66 μm 和 21.65 μm，如图 6-9（d）（e）所示。综上可知：沿着厚度方向深入基体，其硬度逐渐降低，呈梯度分布。这一现象与各反应区域中 TaC 的致密程度、质量分数和颗粒大小有关。

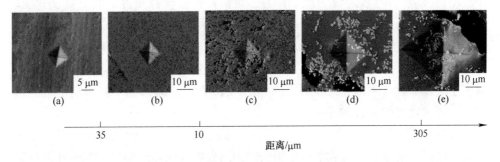

图 6-9 各区域显微硬度的压痕形貌

（a）区域 [A]；（b）区域 [B]；（c）区域 [C]；（d）区域 [D]；（e）区域 [E]（靠近基体）

研究表明，增强层的耐磨性与原材料（H_m）和研磨材料（H_a）硬度的比值有关，即理查森理论：当 H_a/H_m 在 0.7~1.1 范围时材料的磨损非常小，TaC 致密陶瓷区和 Al_2O_3 磨砂的硬度（HV）分别为 2328 和 1800，$H_{Al_2O_3}/H_{TaC} = 1800/2328 = 0.77$，在 0.7~1.1 范围内，表面 HVF 微纳米结构 TaC 增强区处于相对较低的磨损状态；而实验中所测基体的最高硬度（HV）为 196，$H_{Al_2O_3}/H_{基体} = 1800/196 = 9.18$，即铁基体处于高磨损状态。图 6-7（a）中微纳米结构 TaC 陶瓷增强区的磨损表面形貌相对光滑，是由于微纳米 TaC 陶瓷颗粒之间强有力的相互支撑作用。Bowden 等人[194]研究了深度 h_c、适用于磨料颗粒的正常负载（F_N）和复合材料硬度（H）的关系，可以由以下的公式得出：

$$h_c = \left(\frac{2}{\pi \tan^2 \varphi} \frac{F_N}{H} \right)^{1/2} \qquad (6-1)$$

式中　F_N——法向加载；

　　　H——材料的硬度。

因此，随着复合材料硬度的增加，磨损深度呈指数减少。梯度复合层沿表面至基体，磨损犁沟逐渐变宽变深。

6.3.2　TaC-Fe 梯度复合增强层各区域的磨损机理

由两体磨料磨损实验及各反应区的磨损形貌（见图 6-7）综合分析可知：由于 TaC 本身具有较高的硬度和强度，以及原位生成 TaC-Fe 梯度复合层区域 [A] 中 TaC 陶瓷颗粒尺寸为微纳米级别，且为致密结构，抵抗外界磨粒刺入的能力增强。微纳米结构 TaC 颗粒的生成，晶界增多，加载过程中微裂纹沿晶界的萌生扩展，使得裂纹扩展阻力增加；此外，微裂纹的产生减少了塑性变形过程中的应力集中。因此，原位生成的梯度复合层区域 [A] 中破坏最小，耐磨性最高。

相比区域 [A]，区域 [B] 中 TaC 颗粒长大，颗粒间逐渐有基体的渗入，体积分数稍有降低。在相同载荷下，磨粒在 HVF 微纳米结构 TaC 增强区中的刺入深度增加，在切向力作用下形成显微切削。由于磨粒的反复碾压，TaC 陶瓷颗粒由于疲劳而产生破裂，但并未造成微米 TaC 颗粒的大范围剥落，从而证明原位反应生成复合材料中颗粒之间的强烈相互支撑作用，即抵抗外界载荷的能力提高，表现为良好的抗磨损性能。

区域 [C] 中，TaC 陶瓷颗粒体积分数梯度降低，基体渗入较多，颗粒更加分散，增强层中这一区域的增强作用表现为陶瓷颗粒的弥散强化，其相比基体耐磨性仍然较高。这一层的磨损机制表现为：显微切削和部分颗粒的破碎及磨粒的挤压痕迹，但并未出现颗粒的拔出与剥落，这是由于原位生成复合材料中基体与增强相之间良好的冶金结合。

而纯基体在加载磨粒的反复作用下，磨粒的刺入深度加大，切削作用增强，表现为严重的犁沟和切削。研究可知，复合材料的耐磨性与颗粒体积分数密切相关，即表现为体积分数越大，硬度越高，耐磨性越高。因此从表面到基体复合增强层的力学性能呈现梯度减小。综上可知，各区域的磨损机制为：微纳米结构 TaC 致密区 [A] 的塑性变形和显微裂纹，区域 [B] 和区域 [C] 的显微犁削和少数 TaC 颗粒的疲劳破裂，以及基体区域严重的犁沟和切削。

6.4 不同载荷下 TaC 陶瓷层的摩擦磨损性能

依照第 2 章中描述的摩擦磨损实验方法，对 TaC 致密陶瓷层进行不同载荷条件下的研究。不同载荷下摩擦磨损实验的主要参数为：电机转速为 280 r/min，时间为 30 min，温度为 27 ℃，相对湿度为 60%~70%，表面粗糙度为 $R_a = 0.8$，外加载荷分别为 5 N、10 N、15 N 和 20 N。

6.4.1 摩擦系数及磨损量

原位反应制备的 TaC 致密陶瓷层和灰铸铁基体分别与 45 钢的摩擦系数与载荷之间的关系曲线如图 6-10 所示。由图可知，随着载荷的增大，试样的摩擦系数不断降低。这是由于随着载荷的增加，促进了 TaC 致密陶瓷层（灰铸铁基体）和 45 钢表面之间的磨合过程，即在滑动剪切作用下将其表面的微凸体剪断，产生大量的磨粒，同时其表面的粗糙度增大，因此试样的摩擦因数减小[58]。温诗铸[59]认为，接触点数目和各接触点尺寸将随着载荷而增加，最初是接触点尺寸增加，随后载荷增加主要引起接触点数目增加。因此当表面是塑性接触时，摩擦系数与载荷无关。在一般情况下，金属表面处于弹塑性接触状态，由于实际接触面积与载荷的非线性关系，使得摩擦系数随着载荷的增加而降低。TaC 致密陶瓷层的摩擦系数低于灰铸铁基体。这是因为 TaC 陶瓷材料的强度远高于灰铸铁基体，不易发生塑性变形使接触面积增大，所以其摩擦系数比灰铸铁基体材料的低[60]。图 6-10（b）是原位反应制备的 TaC 致密陶瓷层的比磨损率与载荷之间的关系。从图中可以看出，比磨损率随载荷的增大呈增大的趋势。这是因为摩擦表面产生的微凸体越来越多，粗糙峰越来越高，并且随着微凸体的削平产生少量

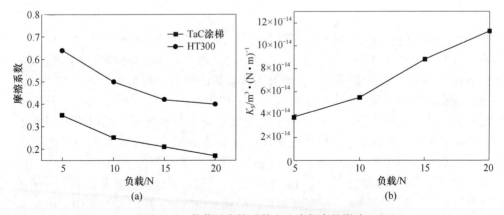

图 6-10 载荷对摩擦系数和比磨损率的影响

（a）摩擦系数与载荷的关系；（b）比磨损率与载荷的关系

的磨粒，以及这些粗糙峰、微凸体和磨粒对另一表面的犁削、切削作用随着载荷的增加而增大，比磨损率则同时也增大。

TaC 致密陶瓷层和灰铸铁基体的磨损质量损失与载荷的关系柱状图如图 6-11 所示。从图中可以发现，TaC 致密陶瓷层的磨损量随着载荷的增大而增大。当外加载荷较低时，陶瓷层磨损质量损失较小，处于轻微磨损阶段。随载荷的增大，陶瓷层的磨损由轻微磨损向严重磨损转变。应该指出的是，在不同的载荷下 TaC 陶瓷层与灰铸铁基体相比具有很高的耐磨性。这种行为可以归因于 TaC 颗粒存在，作为有效的阻碍以防止大规模的破坏。这说明作为增强相，高硬度的 TaC 致密陶瓷层能够明显起到抗磨作用，起到保护灰铸铁基体的作用。灰铸铁基体的磨损量大约是 TaC 致密陶瓷层的 16 倍。

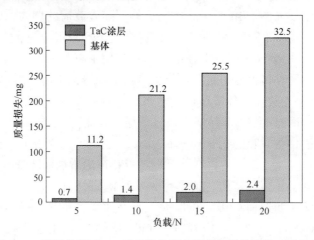

图 6-11　不同载荷下 TaC 致密陶瓷层和灰铸铁基体磨损质量损失

6.4.2　磨损面形貌

经摩擦磨损实验后的复合层磨损表面形貌直接反映出 TaC 致密陶瓷层的磨损特征行为，是判定磨损机制最直接且主要的依据[61]。载荷分别为 5 N、10 N、15 N 和 20 N 时，TaC 致密陶瓷层和灰铸铁基体的磨损表面形貌如图 6-12 所示。通过观察和分析可以得出：在 5 N 载荷下，如图 6-12（a）所示，TaC 致密陶瓷层表面出现轻微塑性变形，这是由于在摩擦过程中对磨表面上的粗糙峰引起了 TaC 致密陶瓷层表面变形，使磨损表面出现较浅的犁沟，并且呈现为不连贯状态，这是典型的磨粒磨损状态。随着载荷的增加，当载荷为 10 N 时，如图 6-12（b）所示，相比载荷为 5 N 时，TaC 陶瓷层的犁沟明显加深、增多。这是由于在摩擦过程中，随载荷增加，配副间的真实接触面积增加，所以在滑动中犁出的沟槽增多。并且从图中可以看出有少量的剥落坑出现。在 15 N 载荷下，相较低载荷 TaC 致密陶瓷层表面出现严重的塑性变形，犁沟明显加深，犁沟两侧的颗粒堆

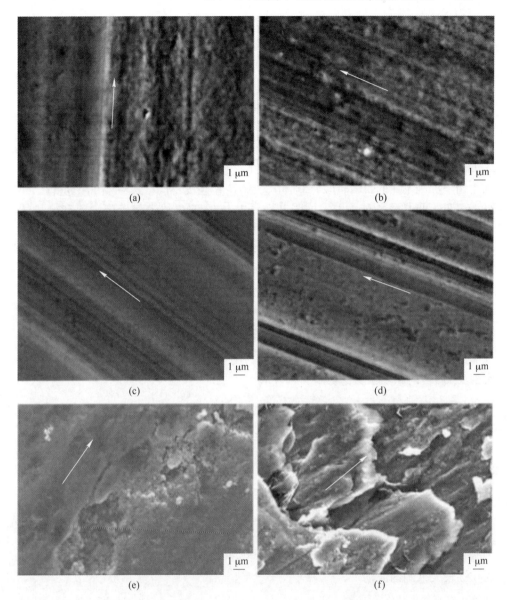

图 6-12 TaC 致密陶瓷层分别在载荷为 5 N、10 N、15 N、20 N 时的磨损表面形貌 SEM 照片
(a)~(d) 及灰铸铁在载荷为 5 N、20 N 时的磨损表面形貌 (e) (f)

积隆起较多，如图 6-12 (c) 所示。在 5 N、10 N 和 15 N 载荷下，TaC 致密陶瓷
层表面的塑性变形均表现为典型的磨粒磨损状态，只是破坏程度不同。当载荷为
20 N 时，如图 6-12 (d) 所示，TaC 致密陶瓷层表面上除了有擦伤所引起的更深
的犁沟之外，还有局部区域的材料剥落。这是黏着效应和犁沟效应共同作用所引
起的。因此在 20 N 载荷下，表现为磨粒磨损和轻微的黏着磨损特征。所以随着

载荷的增加，所表现出的磨损形式增加，材料表面破坏得也越来越严重。图 6-12 (e) (f) 分别是载荷 5 N 和 20 N 时的灰铸铁基体摩擦磨损形貌，从图中可以看出，载荷为 5 N 时，表现为典型的黏着磨损，随着载荷增加，当载荷为 20 N 时，其磨损严重，表面上存在鳞片状的疲劳剥落，可知此现象因疲劳磨损导致。相同载荷下，TaC 致密陶瓷层磨损表面与灰铸铁基体相比，破坏较轻，磨损变形较小，由此可知，TaC 致密陶瓷层具有良好的耐磨性。

发生这些磨损特征的主要原因有：(1) 在摩擦过程中，TaC 致密陶瓷层磨损表面与摩擦副之间的粗糙峰在载荷的作用下，相互滑动，在 TaC 致密陶瓷层磨损表面上留下深浅不一的犁沟。(2) 基体 (灰铸铁) 硬度不高 (2.8~4.067 GPa)，弹性模量低，抵抗外力能力差。增强灰铸铁基体的 TaC 致密陶瓷层中，有少量的 TaC 颗粒被带离原位置，形成剥落坑。(3) 在摩擦过程中，随着磨损表面接触压力增加，TaC 致密陶瓷层磨损表面与摩擦副的实际接触面积增加，黏着点扩展为黏着面，受到摩擦力的反复作用，黏着面脱落形成片状的脱落坑。但由于磨损速率不大和磨损时间不长，表面呈现为比较轻微的黏着磨损。

6.5 不同温度下 TaC 致密陶瓷层的摩擦磨损性能

6.5.1 温度对摩擦系数的影响

温度不仅影响材料的耐磨性能，对摩擦热量的耗散速度大小也会产生一定的影响，从而对材料的摩擦性能产生更为显著的影响[62]。摩擦环境温度对 TaC 致密陶瓷层 (与 45 钢) 摩擦系数的影响如图 6-13 所示。从图中可以看出，TaC 致密陶瓷层的摩擦系数随着实验温度的增加，在不同的温度区间有不同的变化规律：(1) 在 27~200 ℃，TaC 致密陶瓷层的摩擦系数随着温度的升高而变化不大；(2) 在 200~600 ℃，TaC 致密陶瓷层的摩擦系数随着温度的增加而减少，这与在高温下 45 钢硬度的下降从而导致剪切强度下降密切相关[63]；(3) 在 600~800 ℃，其摩擦系数随着温度的升高而增加。TaC 致密陶瓷层的摩擦系数随温度在 0.167~0.622 较大范围内波动。

6.5.2 温度对 TaC 致密陶瓷层磨损量的影响

TaC 致密陶瓷层的磨损量随温度变化曲线如图 6-14 所示。可见 TaC 致密陶瓷层与 45 钢盘对摩时，在 27~600 ℃之间，TaC 致密陶瓷层的磨损量随着温度的上升而显著降低。在 600 ℃时直接为负值，这是由于低于 200 ℃时，45 钢硬度高，TaC 致密陶瓷层表面上的金属黏附物少，微区脆性断裂是主要磨损机理，所以磨损严重。随着温度升高 (200~600 ℃之间)，由于 45 钢盘的软化，强度降低。TaC 致密陶瓷层与 45 钢的摩擦磨损主要表现为陶瓷层对钢的切削作用，钢盘磨损量大，

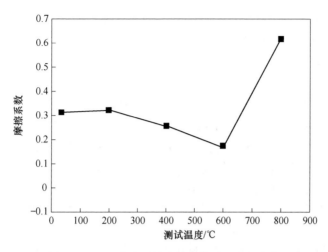

图 6-13 TaC 陶瓷层的摩擦系数随温度的变化

而陶瓷层磨损量则相对较小，同时，陶瓷层表面有较多的金属氧化物黏附，从而陶瓷层的磨损进一步缓和，以至于 600 ℃时，磨损量直接为负值。但是当温度升到 800 ℃时，不仅对磨材料 45 钢软化严重，灰铸铁基体也软化严重。对磨过程中，TaC 致密陶瓷层及其表面金属氧化物被大量带离磨损表面，发生严重的黏着磨损。因此，在 600～800 ℃之间，其磨损量随着温度的上升而显著增加。

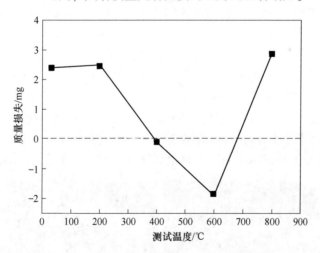

图 6-14 温度对 TaC 致密陶瓷层磨损量的影响

6.5.3 TaC 致密陶瓷层磨损表面形貌

磨损是互相接触的物体在相对运动中材料表层不断损伤的过程，它是伴随着摩擦而产生的必然结果。材料在磨损过程中往往不只是一种磨损机理起作用，而是伴随着几种不同的磨损机理，而且一种磨损发生后往往诱发其他形式的磨损。多种磨损机理共同对材料的摩擦磨损性能产生一定的影响。而在磨损过程中，由于摩擦材料和对磨材料间的相互作用，在材料表层和次表层都产生了一定程度的破坏，从而造成材料使用寿命缩短，甚至出现失效。所以通过对磨损表面形貌的分析，从而判断材料在磨损过程中的相关信息和磨损机理[62,64]。

在载荷 20 N、转速 280 r/min 的条件下，原位反应制备的 TaC 致密陶瓷层在不同温度下的磨损表面 SEM 形貌如图 6-15 所示。从图中可以看出，200 ℃时的 TaC 致密陶瓷层的磨损面形态与常温时的磨损面形态基本一致，除了较浅的犁沟外还有磨屑脱落后留下的凹坑，如图 6-15（a）所示。这是由于在磨损过程中，TaC 致密陶瓷层表面的微凸起在对磨材料 45 钢和切向力的切削作用下，产生塑性变形，在局部产生大量热量，发生部分氧化，并从其表面脱落形成磨屑，导致磨损面上出现凹坑。此时的磨损机理可理解为磨粒磨损和轻微的黏着磨损。400 ℃时的 TaC 致密陶瓷层磨损面塑性变形痕迹开始比较明显，并出现剥离痕迹，而且在 TaC 致密陶瓷层的表面开始产生细粉状磨屑，如图 6-15（b）所示。这是因为产生的磨屑附在 TaC 致密陶瓷层表面与对磨材料 45 钢表面，形成三体磨损，对 TaC 致密陶瓷层的表面进行犁削。当温度为 600 ℃时，陶瓷层磨损表面出现明显的剥离部分，并且表面有裂纹出现，如图 6-15（c）所示。与 400 ℃时的磨损面形态相似，但是磨损程度更加严重。此时 TaC 致密陶瓷层的磨损机理可认为是磨粒磨损和疲劳磨损。800 ℃时，TaC 致密陶瓷层的磨损面更粗糙，塑性流动更加严重，其表面出现大面积剥离，并且剥离部分存在明显的犁沟及明显的波浪纹，如图 6-15（d）所示。这是因为在高温与磨损载荷共同作用下，磨损形成的磨屑在新的表面产生黏着，随后又被切断、转移，使 TaC 致密陶瓷磨损表面形成犁沟，产生较大的塑性变形。在高温的作用下，灰铸铁基体材料变软，摩擦系数随之增加，此时极易造成试样与对磨件的黏合，因此磨损量也大幅度增加。根据判断可以分析出此阶段以黏着磨损为主。

对图 6-15（c）中的 A 处和 B 处的磨屑分别进行 EDS 分析，结果如图 6-16 所示。

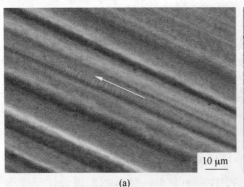

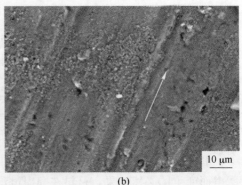

(a)   (b)

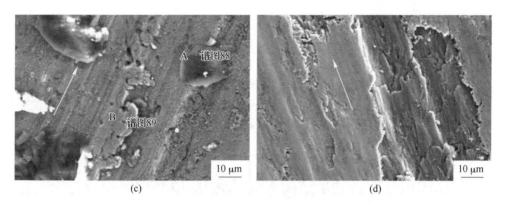

图 6-15 在不同温度下 TaC 致密陶瓷层的磨损表面形貌

（a）200 ℃；（b）400 ℃；（c）600 ℃；（d）800 ℃

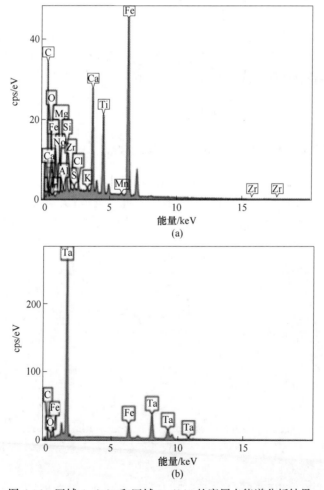

图 6-16 区域 A（a）和区域 B（b）的磨屑点能谱分析结果

从图 6-16（a）中的能谱图可以看出，A 处的磨削中不含有 Ta 元素，因此该磨屑是从对磨材料 45 钢上脱落的。而从图 6-16 中的能谱图中可以清晰地看到，在 B 处的磨屑中含有 Fe、Ta、C 和 O 四种元素，但其中 O 元素的含量较少。分析认为，这是由于空气中的 O 元素在摩擦磨损过程中使对磨材料 45 钢与 TaC 致密陶瓷表面发生摩擦氧化，使磨损表面的 Fe 元素发生氧化形成 Fe_3O_4。由此可说明随着温度升高，TaC 致密陶瓷复合材料的磨损机理由磨粒磨损转变为黏着磨损，同时伴随着少量的氧化磨损。

6.6　高体积分数微纳米结构 NbC 增强层单磨粒磨损行为的研究

为了观察材料在单划痕条件下的磨损、变形及断裂行为，本节在试样的表面致密陶瓷层和颗粒分散层进行显微划痕实验，试样的处理方法为：先把材料表面用金相砂纸将未反应的铌板磨掉，在打磨的过程中砂纸从低目数向高目数逐渐过渡，在靠近致密陶瓷层处再用 0.5 μm 金刚石抛光剂进行抛光，将表面残留的铌板去除，得到表面致密陶瓷层组织，这样既保证材料表层整个面都为致密陶瓷层，又使材料表面具有较低的粗糙度；将材料从致密层继续向下打磨，并进行抛光，得到颗粒分散层组织。显微划痕试样尺寸为 8 mm×8 mm×6 mm，实验条件为：载荷为 0~100 N，均匀变载，划痕总长度为 3 mm，刻划速度为 50 μm/s。

6.6.1　高体积分数微纳米结构 NbC 增强层的划痕

NbC 致密层显微划痕过程中的声发射曲线如图 6-17 所示。由图 6-17 可以看出，在 92 N 之前曲线非常平稳，没有出现大范围的波动，可以说明材料在此载荷区域内没有发生大裂纹或剥落，92 N 时出现较强的峰则说明材料在此处的划痕状态发生了突变。

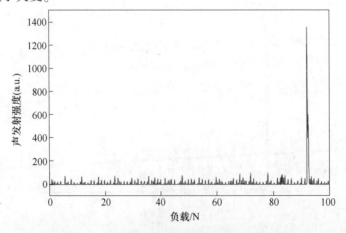

图 6-17　NbC 致密陶瓷层显微划痕声发射曲线

NbC 致密层的显微划痕形貌图如图 6-18 所示，其中图 6-18（a）为划痕的宏观形貌，由图中可以看出，整个划痕特别光滑，没有出现大的断裂和破坏。图 6-18（b）是划痕沟槽底部的放大图，在致密区划痕沟槽处出现垂直于划痕方向的横向裂纹。由致密层划痕形貌可以看出，裂纹的形成首先出现在沟槽两侧的坡面处，垂直于划痕方向扩展，随着载荷的增大，裂纹逐渐向两端扩展，最终两侧裂纹连在一起，贯穿划痕两侧，如图 6-18（c）所示，分析认为产生这样的裂纹形貌与压头形状和陶瓷材料的脆性密切相关。对照划痕的声发射曲线可知，在刻划时，当载荷增加到 92 N 时，并不是对应大块的剥落和磨损，而是出现了裂纹的连接和贯穿。若继续增大载荷，则陶瓷层可能将会在贯穿裂纹处产生脆性剥落。图 6-18（d）为图 6-18（c）中裂纹区的微观图，由图中可以看出，在大裂纹的周围分布着许多细小的裂纹，这些小裂纹的萌生和扩展对材料的韧性提高有很大帮助，裂纹的萌生和扩展需要非常大的能量，所以就可以延缓一些大裂纹的继续扩展和材料断裂、剥落的现象发生，这种增韧即属于微裂纹增韧；裂纹的扩展是沿晶界扩展的，未出现穿晶断裂或晶粒的破碎，并且材料晶粒非常细小，与第 3章致密层组织一致。致密层划痕边沿呈现出一定的塑性变形。

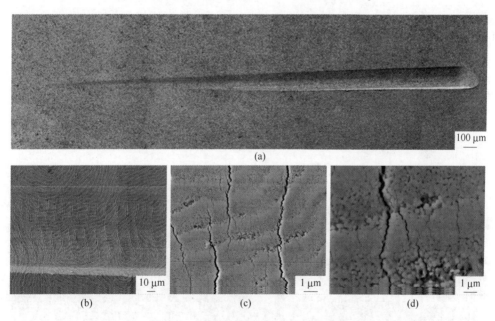

图 6-18　NbC 致密陶瓷层显微划痕形貌

NbC 致密陶瓷层在球形压头划入时，在较大载荷下也不发生断裂和剥落的现象就归因于细晶强化的作用和复合材料组织的梯度分布。晶粒细化使晶界总面积增加，晶界易于位错塞积提高强度，并且晶间裂纹扩展的阻力增加，会大量消耗能量，增加了断裂应变；细化晶粒后，材料内部变形可以分散在更多的晶粒中，并且各晶粒之间的变形相互协调配合，不容易造成应力集中，致使材料发生较大的变形也不断裂，塑韧性提高。梯度分布的组织使 NbC 致密陶瓷层与基体有良好的结合性，陶瓷层向下的组织，NbC 颗粒逐渐减少，过渡分布，与铁基体交错结合，没有组织突变的界面，无大的界面应力存在，不会产生如陶瓷涂层、脆性薄膜等材料在划入或磨损时出现的沿界面剥落。

NbC 梯度分布层显微划痕声发射曲线如图 6-19 所示，刻划过程中，在 0～100 N 内没有出现较大的峰值，说明材料未出现较大的裂纹和破坏。在图 6-20 中，图 6-20（a）为划痕的宏观形貌图，可以看出整个划痕面非常光滑，划痕两侧有塑性隆起的现象；图 6-20（b）为最大载荷处划痕的微观形貌图，从图中可以看出材料致密带状相间组织明显，划痕底部和侧面均未有裂纹的出现，侧边的塑性堆积较为明显；将划痕侧边的塑性堆积放大，如图 6-20（c）所示，塑性堆积区为 NbC 和铁基体的混合态，没有出现脱落流失的现象。由此可见由于梯度层铁基体的增加，铁基体良好的塑性变形起到了主导作用，NbC 陶瓷颗粒起到增强铁基体的强度及消耗铁基体内石墨的作用。

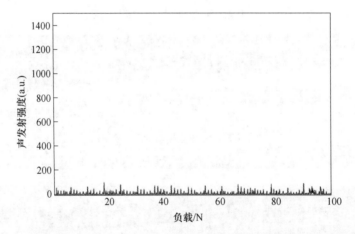

图 6-19　NbC 梯度分布层显微划痕声发射曲线

(a)

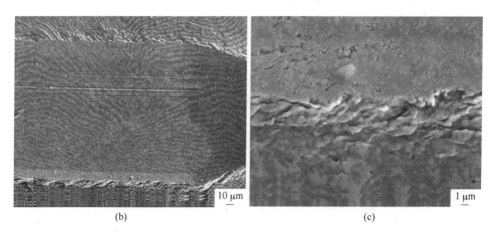

图 6-20　NbC 致密陶瓷层显微划痕形貌

（a）宏观形貌；（b）微观形貌；（c）划痕侧貌

　　为了观察截面不同层的划痕磨损形貌，在复合材料的截面进行了显微刻划实验。图 6-21 为不同载荷下显微划痕的划痕形貌，其中右侧分别为对应载荷下的划痕截面轮廓曲线。

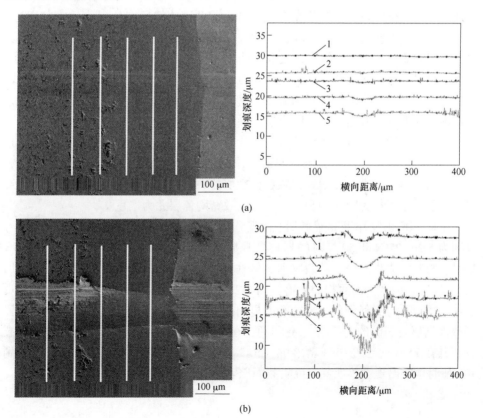

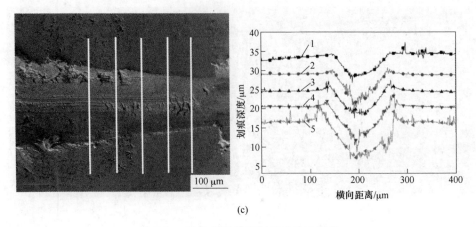

(c)

图 6-21　复合材料截面划痕形貌及轮廓

(a) 5 N；(b) 25 N；(c) 50 N

图 6-21 中 (a)～(c) 分别为载荷为 5 N、25 N、50 N 的恒定载荷下划痕形貌和划痕截面轮廓，各图中 5 条轮廓曲线分别在距致密层和铌板界面处 5 μm、80 μm、155 μm、230 μm 和 305 μm 的距离处测得，轮廓曲线测量位置如图中竖线条所示，由材料截面各层分布厚度可知，前两道曲线所在位置为致密陶瓷层，第三、四两道为梯度层轮廓曲线，最后一道在颗粒分散层。由图 6-21 (a) 可以看出，当载荷为 5 N 时，划痕深度非常浅，尤其在致密陶瓷层和梯度层，几乎没有造成材料的塑性变形或损伤；由图 6-21 (b) 可以看出，在载荷为 25 N 时，划痕深度明显增大，且随着刻划由致密陶瓷层向基体的过渡，划痕深度逐渐增加，从轮廓曲线上可以看出，致密陶瓷层和梯度层划痕轮廓较为平滑，只发生了少量塑性变形，而颗粒分散层划痕轮廓线起伏波动较大，对照微观形貌图可以看出此区域内材料已发生剥落和犁削；当载荷增加到 50 N 时，由图 6-21 (c) 可以看出，各层划痕深度进一步增大，颗粒分散层的磨损破坏以犁削为主，梯度层和致密陶瓷层产生了较为明显的剥落坑，其中致密陶瓷层尤为严重。

NbC 致密陶瓷层截面的显微划痕微观形貌如图 6-22 所示，其中图 6-22 (a)～(c) 分别为 5 N、25 N 和 50 N 时的划痕微观形貌。由图中可以看出，当载荷逐渐增加时，材料首先出现微小的裂纹和少量垂直于划痕方向的细带状剥落，载荷增加到 50 N 时，出现了大面积的剥落，图 6-22 (d) 为图 6-22 (c) 中剥落坑的微观形貌，可以看出材料剥落的形式有明显的撕裂和晶粒拔出的特点。NbC 致密陶瓷层截面划痕与表面的磨损有一定区别，在低载和高载下均未出现大量的横向裂纹，其在 25 N 时已经出现剥落坑，50 N 时出现大面积剥落，而表面在加载到 100 N 时也未出现剥落现象，说明截面比表面的耐磨性要差。

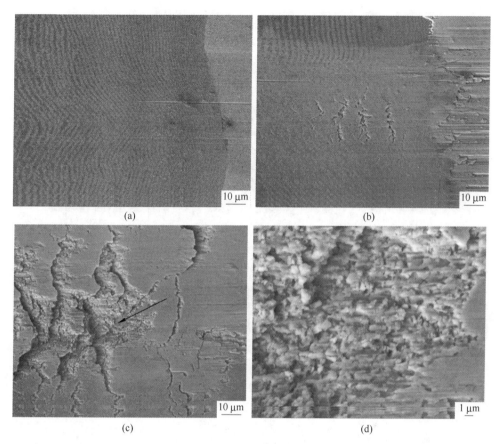

图 6-22　NbC 致密陶瓷层截面划痕微观形貌在不同载荷下的磨损微形貌

(a) 5 N；(b) 25 N；(c) 50 N；(d) 100 N

6.6.2　高体积分数微纳米结构 NbC 增强层与基体结合强度的研究

采用刻划实验对 4.2.1 节中制备所得 HVF 微纳米结构 NbC 增强层与基体之间的结合强度进行测试，与 HVF 微纳米结构 TaC 增强层的刻划实验测试条件相同，刻划痕迹的形貌照片如图 6-23 所示。

随着法向载荷增加，压头刺入深度增加，压头前方堆积的材料增加；当压头滑动时，将不断挤压或推开压头前方或是两边的材料，使其发生变形，并在划痕沟槽边沿处形成隆起。在加载过程中，金刚石压头垂直于增强层表面，因此在接触面处产生剪切应力。当压头刺入时剪切应力在压头的前方累积，并随着法向加载而增大。这就导致涂层表面的局部区域出现应力集中并增大，为了释放应力集中及减小系统中的自由能，显微裂纹在增强层的内部缺陷处萌生。载荷持续增加时，沟槽深度和宽度也随之增大，拉伸裂纹长度和数目增加，裂纹之间的间距逐

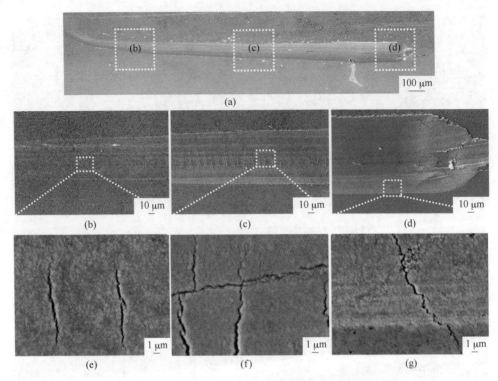

图 6-23　HVF 微纳米结构 NbC 增强层表面划痕的形貌

（a）划痕整体形貌的 SEM 照片；（b）（c）拉伸裂纹；（d）（e）裂纹的相互作用；
（f）（g）裂纹扩展至未加载区域

渐减小，如图 6-23（c）所示。

当拉伸裂纹不足以释放压头正下方增强层中的应力集中时，开始出现中位裂纹。中位裂纹与刻划方向一致，并与横向裂纹之间相互作用，形成贯穿。其次，后出现的中位裂纹使得拉伸裂纹形成明显的偏转，两者相互桥联，如图 6-23（f）所示。

随着加载的进一步增加，滑动的压头对划痕沟槽两侧产生强烈的挤压作用，即沟槽边沿与压头接触区域的增强层承受较大的剪切应力，当法向载荷达到某一临界值时，沟槽边沿处产生了由拉伸裂纹诱导的径向裂纹。从扫描照片中可以明显看出径向裂纹与刻划方向成约 45°夹角。径向裂纹逐渐由刻划犁沟的边缘区域扩展至未加载区域，如图 6-23（g）所示；但是在整个刻划过程中，即便是在最大载荷处，也并未出现增强层的剥落。

6.6.3　高体积分数微纳米结构 NbC 增强层的变形及抗刻划机制

HVF 微纳米结构 NbC 增强层之所以与基体之间具有更高的结合强度，一方

面是由于增强层中 α-Fe 相较 HVF 微纳米结构 TaC 增强层中增多。韧性相 α-Fe 作为黏结相存在于 NbC 颗粒间，颗粒之间铁素体的存在延滞了裂纹生长，使得加载变形过程中 NbC 可协同作用。原位制备所得 NbC 增强层与基体呈现良好的冶金结合，从前面章节界面的线扫描照片明显可见元素的扩散迁移。因此，具有很好的抗刻划及破坏能力，从而保护基体免受破坏。

另一方面与增强层中细小 NbC 陶瓷颗粒的形成有关。微纳米 NbC 颗粒的形成使得晶界大量存在，在加载过程中裂纹扩展沿着晶界行走，呈现"Z"字形的曲折路径，表现出典型的沿晶断裂特征。在裂纹扩展过程中，由于每一个晶向的不同，裂纹尖端沿着晶界扩展到与另一个晶界的交汇处，裂纹沿着晶界继续扩展——沿晶裂纹。多晶 NbC 增强层中裂纹生长模式为沿着 NbC-NbC 界面，这种晶间裂纹如图 6-24 所示。裂纹扩展沿着弱结合面，即扩展具有一定的方向性。因此，在压头附近拉应力作用下，基于能量消耗最小化原则，裂纹总是沿着弱表面扩展——裂纹偏转。由于裂纹偏转时路径增加，断裂面增大，因此需要的能量增大，从而消耗了裂纹扩展的驱动力，阻滞了增强层大范围的严重胀裂。

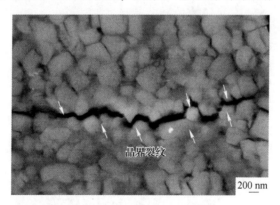

图 6-24　裂纹沿晶扩展的放大照片

裂纹的产生和扩展与增强层/基体两者各自特性，界面的应力状态及外加载荷相关。NbC 的线膨胀系数为 $6.65×10^{-6}$ K^{-1}，基体灰铸铁的线膨胀系数为 $9.0×10^{-6}$ K^{-1}，两者具有较好的热匹配性能。其次利用 X 射线衍射仪测试可知，本节实验中的 NbC 增强层在基体表面呈现压应力的状态，可有效阻滞增强层的破坏。增强层和基体的结合强度和变形受到厚度、裂纹抵抗力和韧性的影响。Li 等人[195]在系统研究超薄 DLC 薄膜的临界载荷时发现临界载荷随着涂层厚度的增加而增加，即所谓的厚度效应。原位法所制备的 NbC 增强层厚度约为 60 μm，相比其他方法所制备的涂层厚度较厚。当压头作用于厚的增强层时，应力传播到涂层和基体界面时减小，因此临界载荷增大。从本节实验总结可知，4.2.1 节中所制备的 NbC 增强层与基体之间的结合强度大于 100 N。

6.6.4 TaC 和 NbC 增强层的磨粒磨损特性的对比

如 6.1 节和 6.2 节刻划实验中分析所述，在小载荷下，仅有塑性变形；而超过临界载荷之后，塑性变形和脆性变形同时发生，这些过程源于垂直加载诱发的应力场分布，力学坐标系建设如图 6-25 所示，与前面文献［182］中所述一致：x 方向为沿着刻划方向，y 方向垂直于刻划方向，z 方向是沟槽的深度方向也就是沿着加载方向，主应力的 σ_x、σ_y 和 σ_z 分别与径向裂纹、中间裂纹和横向裂纹有关。切向主应力主要与相应平面的塑性变形有关。如图 6-25 所示，沿着 x 方向，拉应力紧随压头并随着摩擦系数而增加。压应力在压头的前面分布，沿 z 方向应力场分布，是由法向加载引起的产生于压头下方和前面的压应力，决定了扩展深度；沿着 z 方向的位于压头后方向的拉应力场是由材料被施加流体静压时的变形阻力引起的。当 $y = 0$ 时，切应力分布仅存在于 x-z 平面，与基底面平行。因此，主应力场和切应力场的联合、竞争与增强层中的裂纹萌生和塑性变形及胀裂破坏密切相关。

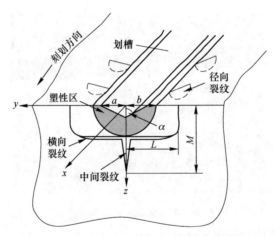

图 6-25 刻划犁沟和用于应力场计算的相应坐标系的示意图［178］

在磨粒的连续加载过程中，σ_x、σ_y 和 σ_z 交替作用下会出现如图 6-26 所示的 5 个阶段：（1）弹性变形区域；（2）塑性变形区域；（3）亚表层的开裂区域；（4）表层和亚表层开裂区域；（5）显微磨损区域。本章所制备的高体积分数微纳米结构 TaC（NbC）增强层只是经历了前四个阶段，并未出现增强层的大范围磨损胀裂，对基体形成了很好的保护作用。

通过分析金刚石压头在两种高体积分数微纳米结构增强层表面的刻划过程，对增强层的弹塑性变形和部分开裂及脱落机制有了系统的研究。本章对裂纹的形成机理和剥落作了探究。对连续载荷下增强层的破坏模式有了更深了解。明确得

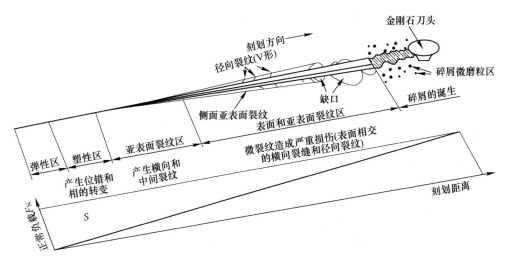

图 6-26 增强层在连续加载刻划过程中变形演变机制的示意图[116]

出结论：临界载荷不仅取决于增强层-基体机械强度（黏附力和凝聚力），也取决于硬度、膜-基内应力、增强层的厚度等[196-197]。

6.7 铁基表面 NbC-Fe 梯度增强层两体磨损及磨损机制研究

6.7.1 NbC-Fe 梯度增强层中不同区域的磨粒磨损性能研究

4.2.2 节中制备的 NbC-Fe 梯度增强样品的显微硬度和磨损失重与厚度的关系曲线图如图 6-27 所示。图 6-27（a）的距离零点为 Nb/NbC 界面，区域［A］中最高硬度（$HV_{0.05}$）可达 1508；随距离的增加，到区域［B］中显微硬度由高降低，最高硬度（$HV_{0.05}$）值为 964；但到达区域［C］后，硬度略微升高并在较长距离内稳定，最高值（$HV_{0.05}$）为 1006，梯度降低至 724；后逐渐过渡至基体硬度。另外，由图 6-27（b）可知：表层磨损量最低，随行程的增加，磨损量先增大后降低，并在一定行程内保持稳定，随后逐步增大并最终保持稳定。

载荷为 5 N 时 NbC-Fe 梯度增强层各区域相对耐磨性柱状图如图 6-28 所示。微纳米结构致密陶瓷区［A］的相对耐磨性最高，约为基体的 75 倍；颗粒局部聚集区的相对耐磨性是基体的 6.8 倍；颗粒分散区［C］是基体的 9.2 倍；而即便是近基体区域，它的相对耐磨性也是基体的 3.6 倍。从整体来看，沿表面到基体各区域相对耐磨性逐渐降低，区域［B］和区域［C］表现出一些特殊性，与两区域的组织结构密切相关。

另外，各个区域磨损形貌的扫描电镜照片如图 6-29 所示。图 6-29（a）为微纳米结构陶瓷区的磨损形貌图。黑色箭头表示外界磨粒的运动方向，磨损表面光

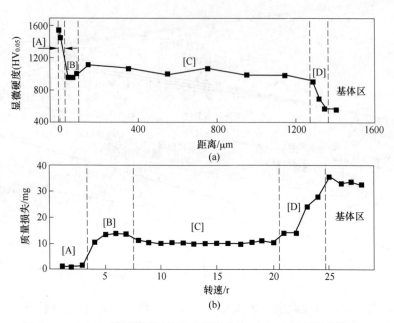

图 6-27 NbC-Fe 梯度增强层的显微硬度曲线（a）和磨损量曲线（b）

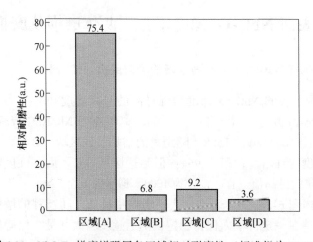

图 6-28 NbC-Fe 梯度增强层各区域相对耐磨性（标准样为 HT300）

滑，犁沟较浅，未观察到陶瓷颗粒大面积剥落，其中白色箭头所指为疲劳作用下产生的显微裂纹，裂纹扩展方向与磨粒运动方向垂直；图 6-29（b）为颗粒局部聚集区磨损形貌图，有较深犁沟产生，细小的陶瓷颗粒与基体结合良好，外界磨粒的切削作用造成基体与偏聚颗粒的共同损失。图 6-29（c）为颗粒分散区磨损形貌，磨损犁沟相比颗粒聚集区较窄，并发现有少量颗粒的破碎及剥落。图 6-29（d）为近基体区磨损形貌，与颗粒分散区 [C] 的磨损机理相同，只是磨损程度更加严重。

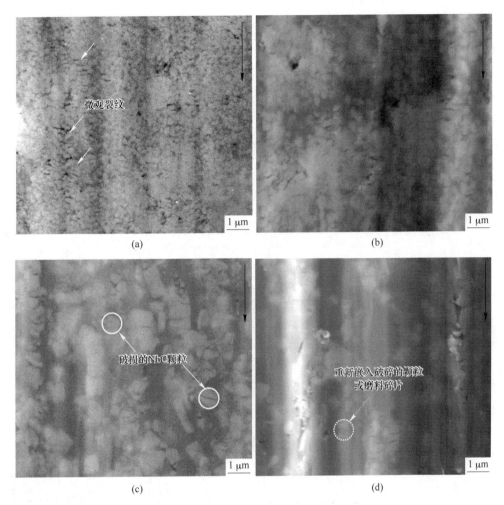

图 6-29 NbC-Fe 梯度复合材料磨损形貌图

(a) 区域 [A]；(b) 区域 [B]；(c) 区域 [C]；(d) 区域 [D]

6.7.2 NbC-Fe 梯度复合增强层各区域的磨损机理

由磨粒磨损实验及各区域的磨损形貌照片综合分析可知：两体磨损实验中，磨料在一定载荷作用下向前推进时，遇到较软的基体材料便会形成微小沟槽的切入点，由此切入点开始，当此处无 NbC 增强颗粒存在时，就会形成连续贯穿的犁沟。若遇 NbC 颗粒，便被阻碍而停止前进或绕道而行。所以 NbC 颗粒的形成对于铁基体耐磨性的提高而言至关重要。

简化磨粒磨损实验过程，单磨粒所造成的材料体积损失 V_g 的计算公式如下：

$$V_g = Lh^2 \tan\varphi \tag{6-2}$$

式中 V_g——单磨粒所造成的材料体积损失;

  L——单磨粒划过的长度;

  h——磨粒压入材料的深度;

  φ——磨粒的特征角。

可以看出,h 是影响材料体积损失的最大因素。

结合式 (6-2) 可以看出,当其他参数一定时,刺入深度随着硬度呈指数下降;而在本章研究中 NbC 颗粒的体积分数是不同区域的硬度值的直接影响因素。根据磨损形貌 (见图 6-29) 和表 4-1 中的各区域的参数可知:$h_A < h_C < h_B < h_D$,磨损机理如图 6-30 所示。

区域 [A] 中颗粒细小且紧密排列,体积分数高达 90%,形貌放大如图 6-31 (a) 所示。颗粒之间强烈的相互作用使得外界磨粒难以刺入。在区域 [B] 中,尽

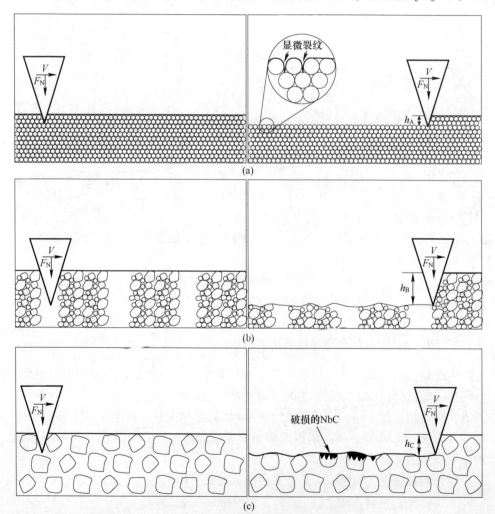

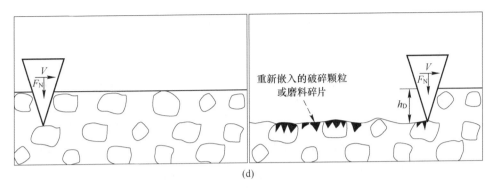

(d)

图 6-30 NbC 表面陶瓷梯度复合材料亚表层不同区域磨损模型图

(a) 区域 [A]；(b) 区域 [B]；(c) 区域 [C]；(d) 区域 [D]

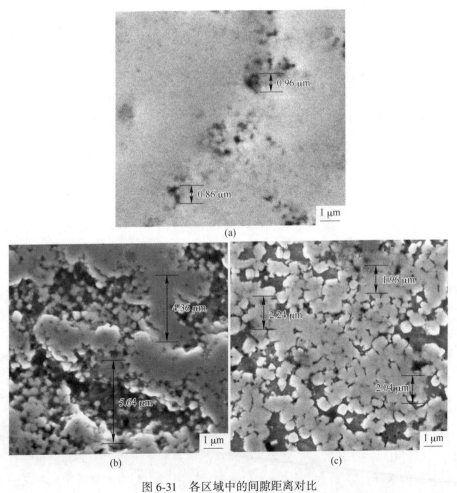

图 6-31 各区域中的间隙距离对比

(a) 微纳米 NbC 致密区 [A] 中间隙；(b) 颗粒局部聚集区 [B] 中的间距；(c) 颗粒分散区 [C] 中的间距

管 NbC 颗粒的体积分数与区域［C］相似，但其相对耐磨性较区域［C］低。这是由于区域［B］中的 NbC 颗粒呈现局部聚集的状态。两层偏聚区域之间的距离大于区域［C］中 NbC 颗粒之间的间距。在同等磨损条件下，磨粒的刺入深度 $h_C < h_B$。一旦磨粒刺入区域［B］中的基体微区，NbC 局部聚集微区就像失去支撑的"孤岛"，就会被大范围去除。所以区域［C］比区域［B］表现出更好的耐磨性，两者对比如图 6-31（b）（c）所示。而区域［D］中 NbC 颗粒的体积分数仅为 23.25%，颗粒弥散分布且间距大大增加，所以磨粒的压入深度 h_D 最大。

根据以下公式计算磨损量：

$$Q = \frac{2\eta}{\pi \tan\varphi} \times \frac{F_N}{H} \tag{6-3}$$

式中　Q——磨损量；

　　　φ——磨粒的特征角；

　　F_N——法向加载；

　　　H——材料的硬度；

　　　η——材料的去除系数（$\eta = 1$：显微切削；$\eta = 0$：显微犁削）。

垂直加载一定时，当磨损表面硬度较高，而实验测得其磨损失重 Q 较小时，则可知此时的系数 η 是减小的。也就是说磨损机制以显微切削为主导转变为以显微犁削为主导。结合磨损失重曲线和各区域的磨损形貌分析可知：区域［A］、区域［B］和区域［C］是以显微犁削为主导的磨损机制，而区域［D］主要表现为显微切削方式的材料去除。

在磨粒磨损实验中，磨粒在样品表面是反复碾压的过程。材料表面的很多区域开始出现应力集中，最先形成于颗粒与基体的界面处。当应力集中超过临界值时则微裂纹形核。随着磨粒的继续作用，微裂纹不断扩展，这就导致硬质颗粒的脆性开裂。磨损表面的 SEM 图片显示，区域［C］和区域［D］中就出现了部分大颗粒的碎裂（见图 6-30（c）（d））。但是，这个现象对复合材料的磨粒磨损特性来说并不是负面的，因为它并没有引起大量颗粒的剥落或基体的质量损失，相反，大部分碎裂颗粒同磨屑一起重新嵌入了较软的基体中，起到了很好的增强作用，如图 6-30（c）（d）所示。然而，在区域［A］和区域［B］中并未出现这种情况，这是由于这两个区域中的 NbC 颗粒细小均匀，磨粒作用下的应力集中可以通过大量的沿晶开裂得以释放。这种沿晶开裂所消耗的能量要大于大晶粒中所发生的穿晶断裂，所以区域［A］表面具有最高的相对耐磨性。

综上可知，区域［A］的磨损是以显微犁削和微裂纹沿晶扩展为主导的机制；区域［B］的磨损机制是显微犁削和局部出现的显微切削，但并未出现任何 NbC 颗粒的破碎；区域［C］的磨损机制则主要表现为轻微的显微切削和部分颗粒的碎裂；区域［D］的磨损机制表现为严重的磨粒切削机制及 NbC 颗粒破碎后的重新嵌入。其每一区域的相对耐磨性都高于基体。

本章主要解释了 TaC（NbC）增强层的磨粒磨损性能，通过划刻实验判断增强层与基体的界面结合强度，根据增强层各区域的形貌，阐述了增强层的变形、破坏机制及各区域的磨粒磨损机理。

（1）高体积分数微纳米结构 TaC 增强层的界面结合强度平均值为 89.03 N；高体积分数微纳米结构 NbC 增强层在 0~100 N 显微刻划实验中并未出现剥落，即界面结合强度大于 100 N。表明这两种高体积分数微纳米结构增强层具有较高的抗剥落能力。在刻划过程中这两种增强层仅仅只是经历了弹性变形区域、塑性变形区域、亚表层的开裂区域及表层和亚表层开裂区域这 4 个阶段，并未出现增强层的大范围胀裂，对基体保护作用良好。

（2）铁基表面 TaC-Fe 梯度复合增强层中 TaC 致密陶瓷区的显微硬度（$HV_{0.1}$）最高可达 2328，接近其理论硬度值，是灰铸铁硬度的 22 倍左右，沿表面到基体整个复合层硬度分布具有明显的梯度变化。在 5 N 载荷、Al_2O_3 磨料两体磨损下，TaC 致密陶瓷区的相对耐磨性最高，相比基体梯度复合层每一区域的耐磨性都较高。TaC 致密陶瓷区的磨损机理为局部塑性变形和显微切削；TaC 颗粒复合层的磨损机理为显微切削和部分 TaC 颗粒的碎裂。

（3）铁基表面 NbC-Fe 梯度复合增强层中 NbC 致密陶瓷区的显微硬度（$HV_{0.05}$）最高为 1508，相比 TaC 致密陶瓷区域［A］硬度较低，该层的相对耐磨性是基体的 75 倍。

参 考 文 献

［1］ 魏世忠, 韩明儒, 徐流杰. 高钒高速钢耐磨材料 ［M］. 北京: 科学出版社, 2009.

［2］ 赵玉涛, 戴起勋. 金属基复合材料 ［M］. 北京: 机械工业出版社, 2007.

［3］ 王怀志. 铝青铜减摩粉体涂层及摩擦磨损性能 ［D］. 兰州: 兰州理工大学, 2010.

［4］ 徐重. 有关材料表面工程技术分类的商榷 ［J］. 热处理, 2010, 25 （2）: 74-76.

［5］ 张磊, 张社会, 王伟, 等. 功能金属/陶瓷梯度热障涂层的材料体系及制备方法 ［J］. 热加工工艺, 2010, 39 （16）: 99-103.

［6］ 廉海萍, 谭德睿, 吴则嘉, 等. 2500 年前中国青铜兵器表面合金化技术研究 ［J］. 铸造及有色合金, 1998, 5: 56-58.

［7］ ZHU H X, ABBASCHIAN R. Microstructures and properties of in-situ NiAl-Al$_2$O$_3$ functionally gradient composites ［J］. Composites Part B Engineering, 2000, 31 （5）: 383-390.

［8］ JIN X, WU L Z, SUN Y G, et al. Microstructure and mechanical properties of ZrO$_2$/NiCr functionally graded materials ［J］. Materials Science & Engineering A, 2009 （509）: 63-68.

［9］ LI Y Y, ZHANG W W, FEI J, et al. Heat treatment of 2024/3003 gradient composite and diffusion behavior of the alloying elements ［J］. Materials Science & Engineering A, 2005, 391 （1）: 124-130.

［10］ WANG H, YAO S W, MATSUMURA S J. Electrochemical preparation and characterization of Ni/SiC gradient deposit ［J］. Mater Process Technol, 2004, 145 （3）: 299.

［11］ SHI L, SUN C F, GAO P, et al. Mechanical properties and wear corrosion resistance of electro-deposition Ni-Co/SiC nanocomposite coating ［J］. Applied Surface Science, 2006, 252 （10）: 3591-3599.

［12］ YAO Y W, YAO S W, ZHANG L, et al. Electrodeposition and mechanical and corrosion resistance properties of Ni-W/SiC nanocomposite coatings ［J］. Materials Letters, 2007, 61 （1）: 67-70.

［13］ WANG J, WANG Y S, DING Y C. Production of （Ti, V） C reinforced Fe matrix composites ［J］. Materials Science Engineering A, 2007, 454 （16）: 75-79.

［14］ JHA D K, KANT T, SINGH R K. A critical review of recent research on functionally graded plates ［J］. Composite Structures, 2013, 96 （4）: 833-849.

［15］ AKGÖZ B, CIVALEK Ö. Longitudinal vibration analysis of strain gradient bars made of functionally graded materials （FGM） ［J］. Composites Part B Engineering, 2013, 55 （55）: 263-268.

［16］ TAJALLI S A, RAHAEIFARD M, KAHROBAIYAN M H, et al. Mechanical behavior analysis of size-dependent micro-scaled functionally graded Timoshenko beams by strain gradient elasticity theory ［C］ //ASEM 2012 IDETC and CIE, American Socitey of Mechanical Engineer, 2012: 67-73.

［17］ EMAMIAN A, ALIMARDANI M, KHAJEPOUR A. Correlation between temperature distribution and in situ formed microstructure of Fe-TiC deposited on carbon steel using laser cladding ［J］. Applied Surface Science, 2012, 258 （22）: 9025-9031.

[18] ZHU Y Y, LI Z G, LI R F, et al. High power diode laser cladding of Fe-Co-B-Si-C-Nb amorphous coating: Layered microstructure and properties [J]. Surface & Coatings Technology, 2013, 235 (22): 699-705.

[19] ZHU Y Y, LI Z G, LI R F, et al. Microstructure and property of Fe-Co-B-Si-C-Nb amorphous composite coating fabricated by laser cladding process [J]. Applied Surface Science, 2013, 280 (9): 50-54.

[20] 吴涛, 朱流. 化学沉积法合成 WC/Co 粉体及其激光熔覆涂层的制备 [J]. 材料热处理学报, 2006 (6): 108-110.

[21] 王渠东, 丁文江, 金俊泽. 离心铸造复合材料的研究与发展 [J]. 材料导报, 1998, 12 (6): 61-64.

[22] SZAFRAN M, KONOPKA K, BOBRYK E, et al. Ceramic matrix composites with gradient concentration of metal particles [J]. Journal of the European Ceramic Society, 2007, 27 (2/3): 651-654.

[23] ZHAI Y B, LIU C M, WANG K, et al. Characteristics of two Al based functionally gradient composites reinforced by primary Si particulates and Si/in situ Mg_2Si particulates in centrifugal casting [J]. Transactions of Nonferrous Metals Society of China, 2010, 20 (3): 361-370.

[24] ZHAI Y B, MA X T, MEI Z. Centrifugal forming mechanism of Al gradient composites reinforced with complementary primary Si and Mg_2Si particles [J]. Rare Metal Materials and Engineering, 2014, 43 (4): 769-774.

[25] 翟彦博. 离心铸造自生颗粒增强铝基骤变梯度功能复合材料气缸套的制备技术研究 [D]. 重庆: 重庆大学, 2009.

[26] LI B, WANG K, LIU M X, et al. Effects of temperature on fracture behavior of Al-based in-situ composites rein-forced with Mg_2Si and Si particles fabricated by centrifugal casting [J]. Transactions of Nonferrous Metals Society of China, 2013, 23 (4): 923-930.

[27] ZOIS D, LEKATOU A, VARDAVOULIAS M. A microstructure and mechanical property investigation on thermally sprayed nanostructured ceramic coatings before and after a sintering treatment [J]. Surface & Coatings Technology, 2009, 204 (1/2): 15-27.

[28] 李雪利, 王鲁, 王富耻, 等. ZrO_2-NiCrAl 系功能梯度材料分维数与力学性能的关系 [C] //第一届国际机械工程学术会议论文集. 2000.

[29] 王富耻, 王鲁, 吕广庶. 金属陶瓷功能梯度热障涂层瞬态热负荷下的破坏分析 [J]. 兵工学报, 2000, 21 (1): 42-45.

[30] KHOR K A, DONG Z L, GU Y W. Plasma sprayed functionally graded thermal barrier coating [J]. Materials Letters, 1999, 38: 437-444.

[31] 赵文华, 沈岩, 肖金生. ZrO_2-NiCr/Al 梯度涂层的抗热震性能研究 [J]. 中国表面工程, 2004, 3 (66): 21-25.

[32] GARCIA J. Effect of cubic carbide composition and sintering parameters on the formation of wear resistant surfaces on cemented carbides [J]. International Journal of Refractory Metals & Hard Materials, 2013, 36 (1): 66-71.

[33] 金鑫, 吴林志, 孙雨果, 等. 功能梯度材料断裂行为实验研究 [J]. 力学进展, 2008, 38

(4)：453-469.

[34] 金鑫, 吴林志, 孙雨果, 等. NiCr/ZrO₂ 功能梯度复合中混合型准静态裂纹启裂的数字散斑相关方法实验研究 [J]. 复合材料学报, 2009, 26（6）：150-154.

[35] FILIPOVIC M, KAMBEROVIC Z, KORAC M, et al. Microstructure and mechanical properties of Fe-Cr-C-Nb white cast irons [J]. Materials & Design, 2013, 47：41-48.

[36] LIN Y C, CHEN Y C. Reinforcements affect mechanical properties and wear behaviors of WC clad coating by gas tungsten arc welding [J]. Materials & Design, 2013, 45（6）：6-14.

[37] SEN S. Influence of chromium carbide coating on tribological performance of steel [J]. Materials & Design, 2006, 27（2）：85-91.

[38] WU Q L, LI W G, ZHONG N, et al. Microstructure and wear behavior of laser cladding VC-Cr₇C₃ ceramic coating on steel substrate [J]. Materisla & Design, 2013, 49（16）：10-18.

[39] AGNIESZKA G. Pressureless sintering of single-phase tantalum carbide and niobium carbide [J]. European Ceramic Society, 2013, 33（13/14）：2391-2398.

[40] HUNG F Y, YAN Z Y, CHEN L H. Microstructural characteristics of PTA-overlayed NbC on pure Ti [J]. Surface & Coatings Technology, 2006, 200（24）：6881-6887.

[41] BARZILAI S, RAVEH A, FRAGE N. Inter-diffusion of carbon into niobium coatings deposited on graphite [J]. Thin Solid Films, 2006, 496（2）：450-456.

[42] MESQUITA R A, SCHUH C A. Tool steel coatings based on niobium carbide and carbon nitride compounds [J]. Surface & Coatings Technology, 2012, 207：472-479.

[43] BARTLETT R W, SMITH C W. Elastic constants of tantalum monocarbide TaC0. 90 [J]. Journal of Applied Physics, 1967, 38（13）：5428-5429.

[44] SHVAB S A, EGOROV F F. Structure and some properties of sintered tantalum carbide [J]. Powder Metallurgy & Metal Ceramics, 1982, 21（11）：894-897.

[45] DAOUSH W M, PARK H S, LEE K H, et al. Effect of binder compositions on microstructure, hardness and magnetic properties of（Ta, Nb）C-Co and（Ta, Nb）C-Ni cemented carbides [J]. International Journal of Refractory Metals & Hard Materials, 2009, 27（4）：669-675.

[46] DESMAISON-BRUT M, ALEXANDRE N, DESMAISON J. Comparison of the oxidation behaviour of two dense hot isostatically pressed tantalum carbide（TaC and Ta₂C）materials [J]. Journal of the European Ceramic Society, 1997, 17（11）：1325-1334.

[47] CHAO M J, WANG W L, LIANG E J, et al. Microstructure and wear resistance of TaC reinforced Ni-based coating by laser cladding [J]. Surface & Coatings Technology, 2008, 202（10）：1918-1922.

[48] LE Z Q, BO S M, WANG G J. Handbook of Fine Inorganic Compounds [M]. Beijing：Chemistry Industry Press, 2001：874-876.

[49] NIX W D, GAO H. Indentation size effects in crystalline materials：A law for strain gradient plasticity [J]. Journal of the Mechanics and Physics of Solids, 1998, 46（3）：411-425.

[50] KWON D H, HONG S H, KIM B K. Synthesis of ultrafine TaC-5wt. % Co composite powders by the spray-carbothermal process [J]. Materials Chemistry & Physics, 2005, 93（1）：1-5.

[51] CHEN Z K, XIONG X, HUANG B Y, et al. Phase composition and morphology of TaC coating

on carbon fibers by chemical vapor infiltration [J]. Thin Solid Films, 2008, 516 (23): 8248-8254.

[52] BARNA Á, KOTIS L, PÉCZ B, et al. Thin TaC layer produced by ion mixing [J]. Surface & Coatings Technology, 2012, 206 (19/20): 3917-3922.

[53] ALI M, ÜRGEN M, ATTA M A, et al. Surface morphology, nano-indentation and TEM analysis of tantalum carbide-graphite composite film synthesized by hot-filament chemical vapour deposition [J]. Materials Chemistry and Physics, 2013, 138 (2/3): 944-950.

[54] ALI M, ÜRGEN M, ATTA M A. Tantalum carbide films synthesized by hot-filament chemical vapor deposition technique [J]. Surface & Coatings Technology, 2012, 206 (11/12): 2833-2838.

[55] WANG Y L, XIONG X, LI G D, et al. Microstructures and mechanical properties of novel C/C-TaC composite [J]. Chinese Journal of Nonferrous Metals, 2008, 18 (4): 608-613.

[56] XIONG X, CHEN Z K, HUANG B Y, et al. Surface morphology and preferential orientation growth of TaC crystals formed by chemical vapor deposition [J]. Thin Solid Films, 2009, 517 (11): 3235-3239.

[57] LI G D, XIONG X, HUANG B Y, et al. Structural characteristics and formation mechanisms of crack-free multilayer TaC/SiC coatings on carbon-carbon composites [J]. Transactions of Nonferrous Metals Society of China, 2008, 18 (2): 255-261.

[58] LONG Y, JAVED A, CHEN J, et al. The effect of deposition temperature on the microstructure and mechanical properties of TaC coatings [J]. Materials Letters, 2014, 121 (15): 202-205.

[59] 温诗铸. 材料磨损研究的进展与思考 [J]. 摩擦学学报, 2008 (1): 1-5.

[60] 李江鸿. C/C-TaC 复合材料的制备及其性能研究 [D]. 长沙: 中南大学, 2009: 18-19.

[61] 董志军, 李轩科, 袁观明, 等. 熔盐法制备 TaC 涂层炭纤维的研究 [C]//第八届全国新型碳材料学术研讨会论文集. 桂林, 2007: 493-495.

[62] 相华. 化学液相浸渗法制备 C/C-TaC 复合材料及其烧蚀性能研究 [D]. 西安: 西北工业大学, 2006.

[63] 刘利盟, 叶枫. 放电等离子烧结法制备碳化钽超高温陶瓷 [EB/OL]. 北京: 中国科技论文在线 [2014-04-30].

[64] LIU L, YE F, ZHOU Y, et al. Microstructure and mechanical properties of spark plasma sintered TaC0.7 ceramics [J]. Journal of American Ceramic Society, 2010, 93 (10): 2945-2947.

[65] 刘晗. 碳化硅添加剂对碳化钽陶瓷显微组织及力学性能的影响 [D]. 哈尔滨: 哈尔滨工业大学, 2013.

[66] LIU H, LIU L M, YE F, et al. Microstructure and mechanical properties of the spark plasma sintered TaC/SiC composites: Effects of sintering temperatures [J]. Journal of the European Ceramic Society, 2012, 32 (13): 3617-3625.

[67] PU H, NIU Y, HU C, et al. Ablation of vacuum plasma sprayed TaC-basedcomposite coatings [J]. Ceramics International, 2015, 41 (9): 11387-11395.

[68] 郑思维. SPS 烧结制备 TaC 基陶瓷及其组织与性能研究 [D]. 哈尔滨: 哈尔滨工业大

学，2011.

[69] 杨西亚，郭玉忠，陈昱潼，等. 放电等离子烧结 TaC/Ti 复合材料的组织与力学性能 [J]. 稀有金属材料与工程，2013，42（11）：2274-2278.

[70] 王文丽，晁明举，王东升，等. 原位生成 TaC 颗粒增强镍基激光熔覆层 [J]. 中国激光，2007，34（2）：277-282.

[71] 钱华丽，晁明举，李志华，等. 原位生成 TaC-NbC 增强镍基激光熔覆层 [J]. 金属热处理，2011，36（10）：34-38.

[72] JACKSON J S. Hot pressing high-temperature compounds [J]. Powder Metall, 1961, 4（8）：73-100.

[73] RAMQVIST L. Hot pressing of metallic carbides [J]. Powder Metall, 1966, 9：26-46.

[74] SILVESTRONI L, BELLOSI A, MELANDRI C, et al. Microstructure and properties of HfC and TaC-based ceramics obtained by ultra fine powder [J]. Journal of the European Ceramic Society, 2011, 31（4）：619-627.

[75] PIENTI L, SILVESTRONIN L, LANDI E, et al. Microstructure, mechanical properties and oxidation behavior of TaC- and HfC-based materials containing short SiC fiber [J]. Ceramics International, 2015, 41（1）：1367-1377.

[76] SILVESTRONI L, SCITI D, ESPOSITO L, et al. Joining of ultra-refractory carbides [J]. Journal of the European Ceramic Society, 2012, 32（16）：4469-4479.

[77] SCITI D, SILVESTRONI L, GUICCIARDI S, et al. Processing, mechanical properties and oxidation behavior of TaC and HfC composites containing 15vol.% $TaSi_2$ or $MoSi_2$ [J]. Journal of Materials Research, 2009, 24（6）：2056-2065.

[78] 陈海花，董汇泽，谢名财，等. 纳米结构 TaC 高温高压烧结体硬度的研究 [J]. 超硬材料工程，2015，27（6）：30-35.

[79] 周建儿，李家科，江伟辉. 金属基陶瓷涂层的制备、应用及发展 [J]. 陶瓷学报，2004，25（3）：179-185.

[80] 刘福田，李兆前，黄传真. 金属陶瓷复合涂层技术 [J]. 济南大学学报，2002，16（1）：84-91.

[81] 闫志巧，熊翔，肖鹏，等. Ta 有机溶剂热处理转变生成 TaC 的过程 [J]. 中国有色金属学报，2005，15（10）：1538-1543.

[82] 闫志巧，熊翔，肖鹏，等. 液相浸渍 C/C 复合材料反应生成 TaC 的形貌及其形成机制 [J]. 无机材料学报，2005，20（5）：1195-1200.

[83] 陈拥军，李建保，魏强民，等. 不同形貌 TaC_x 晶须的制备及生长机理 [J]. 材料工程，2002（10）：15-18.

[84] 陈为亮，钟海云，柴立元. 钽粉真空碳化机理 [J]. 中南工业大学学报，1996，27（1）：48-51.

[85] 董远达，柳林. 机械化学反应法制备纳米晶 TaC 和 TaSiZ [J]. 材料研究学报，1994，8（6）：543-545.

[86] 李新东，陈海花. 纳米结构碳化钽在超高压力下硬度的研究 [J]. 青海大学学报（自然科学版），2014，32（1）：53-56.

［87］ MIYAKE M, HIROOKA Y, LMOTO R, et al. Chemical vapor deposition of niobium on graphite ［J］. Thin Solid Films, 1979, 63 (63): 303-308.

［88］ OLIVEIRA C K N, RIOFANO R M M, CASTELETTI L C. Micro-abrasive wear test of niobium carbide layers produced on AISIH13 and M2 steels ［J］. Surface & Coatings Technology, 2006, 200 (16): 5140-5144.

［89］ FERNANDES F A P, GALLEGO J, PICON C A, et al. Wear and corrosion of niobium carbide coated AISI 52100 bearing steel ［J］. Surface & Coatings Technology, 2015, 279: 112-117.

［90］ SEN U. Kinetics of niobium carbide coating produced on AISI 1040 steel by thermo-reactive deposition technique ［J］. Materials Chemistry and Physics, 2004, 86 (1): 189-194.

［91］ BARZILAI S, WEISS M, FRAGE N, et al. Structure and composition of Nb and NbC layers on graphite: Reactive sputtering ［J］. Surface & Coatings Technology, 2005, 197 (197): 208-214.

［92］ BARZILAI S, FRAGE N, RAVEH A. Niobium layers on graphite: Growth parameters and thermal annealing effects ［J］. Surface & Coatings Technology, 2006, 200 (200): 4646-4653.

［93］ ZOITA C N, BRAIC L, KISS A, et al. Characterization of NbC coatings deposited by magnetron sputtering method ［J］. Surface & Coatings Technology, 2010 (12/13): 2002-2005.

［94］ ZHANG K, WEN M, CHENG G, et al. Reactive magnetron sputtering deposition and characterization of niobium carbide films ［J］. Vacuum, 2014, 99 (99): 233-241.

［95］ LI Q T, LEI Y P, FU H G. Laser cladding in-situ NbC particle reinforced Fe-based omposite coatings with rare earth oxide addition ［J］. Surface & Coatings Technology, 2014, 239 (2): 102-107.

［96］ LIU Q, ZHANG L, CHENG L F, et al. Low pressure chemical vapor deposition of niobium coating on silicon carbide ［J］. Applied Surface Science, 2009, 255 (200): 8611-8615.

［97］ LIU Q, ZHANG L, CHENG L F. Low pressure chemical vapor deposition of niobium coatings on graphite ［J］. Vacuum, 2010, 85 (2): 332-337.

［98］ YAZOVSKIK K A, LOMAYEVA S F. Mechanosynthesis of Fe-NbC nanocomposite ［J］. Journal of Alloys and Compounds, 2014, 586 (5): S65-S67.

［99］ 张索林. 模具钢表面被覆 NbC 工艺研究 ［J］. 中国物资再生, 1995, 5: 24-27.

［100］ 袁昌伦, 李炎, 魏世忠, 等. 铁基表面复合材料的制备技术及研究进展 ［J］. 金属铸锻焊技术, 2009, 38 (1): 35-38.

［101］ HIN C, BRE′CHET Y, MAUGIS P, et al. Kinetics of heterogeneous grain boundary precipitation of NbC in α-iron: A Monte Carlo study ［J］. Acta Materialia, 2008, 56 (19): 5653-5667.

［102］ ORJUELAG A, RINCÓN R, OLAYA J J. Corrosion resistance of niobium carbide coatings produced on AISI 1045 steel via thermo-reactive diffusion deposition ［J］. Surface & Coatings Technology, 2014, 259: 667-675.

［103］ ORJUELAG A. Resistencia a la corrosión en recubrimientos de carburo de vanadio ycarburo de niobio depositados con la técnica TRDMSc ［D］. Colombia: Universidad Nacionalde Colombia, 2013.

[104] SEN U. Wear properties of niobium carbide coatings performed by pack method on AISI 1040 steel [J]. Thin Solid Films, 2005, 483 (1/2): 152-157.

[105] SEN S, SEN U. Sliding wear behavior of niobium carbide coated AISI 1040 steel [J]. Wear, 2008, 264 (3): 219-925.

[106] COLAÇO R, VILAR R. Abrasive wear of metallic matrix reinforced materials [J]. Wear, 2003, 255 (1/2/3/4/5/6): 643-650.

[107] DUHALDEL S, COLACO R, AUDEBERT F, et al. Deposition of NbC thin films by pulsed laser ablation [J]. Applied Physics A, 1999, 69 (1): S569-S571.

[108] 钱华丽, 晁名举, 等. 激光制备原位自生 NbC-VC 颗粒增强镍基熔覆层 [J]. 激光杂志, 2011, 32 (4): 33-35.

[109] 王根保, 朱金华. 难熔金属碳化物覆层磨损率的统计分布 [J]. 西安交通大学学报, 1998 (8): 62-66.

[110] LU L M. Application handbook thermal analysis- thermal analysis in practice [M]. Shanghai: Donghua University Press, 2011.

[111] ISHIDA T. The interaction of molten copper with solid iron [J]. Journal of Materials Science, 1986, 21 (4): 1171-1179.

[112] WANG J, WANG Y S. In-situ production of Fe-TiC composite [J]. Materials Letters, 2007, 61 (22): 4393-4395.

[113] SHABALIN I L. Ultra-High Temperature Materials I: Carbon (Graphene/Graphite) and Refractory Metals [M]. Netherlands: Springer, 2014.

[114] HOY R, KAMMINGA J D, JANSSEN G C A M. Scratch resistance of CrN coatings on nitrided steel [J]. Surface & Coatings Technology, 2006, 200 (12/13): 3856-3860.

[115] YILDIZ F, ALSARAN A. Multi-pass scratch test behavior of modified layer formed during plasma nitriding [J]. Tribolology International, 2010, 43 (8): 1472-1478.

[116] WASMER K, PARLINSKA-WOJTAN M, GRAÇA S, et al. Sequence of deformation and cracking behaviours of galliume arsenide during nano-scratching [J]. Materials Chemistry Physics, 2013, 138 (1): 38-48.

[117] FEN A X, ZHANG Y K, XIE H K, et al. New memod of laer scratching to determine the bond strength of the film-substrate interface [J]. Chinese Journal of Lasers, 2013, 31 (S1): 329-331.

[118] NOLAN D, LESKOVSEK V, JENKO M. Estimation of fracture toughness of nitride compound layers on tool steel by application of the Vickers indentation method [J]. Surface & Coatings Technology, 2006, 201 (1/2): 182-188.

[119] CHANG S Y, LIN S Y, HUANG Y C, et al. Mechanical properties, deformation behaviors and interface adhesion of (AlCrTaTiZr) N_x multi-component coatings [J]. Surface & Coatings Technology, 2010, 204 (20): 3307-3314.

[120] 苗耀新. WC/Cu 基合金非光滑耐磨复合层的研究 [D]. 吉林: 吉林大学, 2004.

[121] 杨欢. 自蔓延法制备 CuCr 合金的基础研究 [D]. 沈阳: 东北大学, 2003.

[122] 钟黎声. 第五副族碳化物颗粒增强铁基复合材料的原位制备与磨粒磨损性能研究 [D].

西安：西安建筑科技大学，2012.

[123] 崔忻圻，覃耀春．金属学与热处理 ［M］．2 版．哈尔滨：机械工业出版社，2007：214-218.

[124] 程秀．灰铸铁和球墨铸铁等离子束与激光束表面强化研究 ［D］．武汉：华中科技大学，2014.

[125] 陆佩文．无机材料科学基础 ［M］．武汉：武汉理工大学出版社，1996.

[126] 董若璟．铸造合金熔炼原理 ［M］．北京：机械工业出版，1988.

[127] 马淑红，焦照勇，黄肖芬，等．TaC 和 Ta$_2$C 结构稳定性、电子结构及力学性能的研究 ［J］．原子与分子物理学报，2014，31 （1）：149-153.

[128] TINGAUD D, MAUGIS P. First-principles study of the stability of NbC and NbN precipitates under coherency strains in α-iron ［J］. Computational Materials Science, 2010, 49 （1）: 60-63.

[129] 莫鼎成．冶金动力学 ［M］．湖南：中南工业大学出版社，1987.

[130] HACKETT K, VERHOEF S, CUTLER R A, et al. Phase constitution and mechanical properties of carbides in the Ta-C system ［J］. Journal of the American Ceramic Society, 2009, 92 （10）: 2404-2407.

[131] ZHOU P, PENG Y, DU Y, et al. A thermodynamic description of the C-Ta-Zr system ［J］. International Journal of Refractory Metals and Hard Materials, 2013, 41 （3）: 408-415.

[132] 蔡小龙．原位生成 NbC/Fe 表面复合材料的形成机理及性能研究 ［D］．西安：西安理工大学，2015.

[133] 刘智恩．材料科学基础 ［M］．西安：西北工业大学出版社，2007.

[134] 苏海林，唐少龙，陈翌庆，等．熔盐法生长 ZnO 单晶颗粒的机制与光学性能研究 ［J］．合肥工业大学学报 （自然科学版），2009，5：644-649.

[135] 张静．纳米晶取向结合的类分子反应生长动力学 ［C］//中国科协第四届优秀博士生学术年会论文集．2006.

[136] 王洪涛，王旭，余永宁．纳米 WC/Co 硬质合金粉末烧结早期的晶粒长大研究 ［J］．稀有金属与硬质合金，2005，1：18-21.

[137] 苏海林，唐少龙，陈翌庆，等．熔盐法生长 ZnO 单晶颗粒的机制与光学性能研究 ［J］．合肥工业大学学报 （自然科学版），2009 （5）：644-649.

[138] 张金升，张银燕，王美婷，等．陶瓷材料显微结构与性能 ［M］．北京：化学工业出版社，2007.

[139] 潘金生，田民波．材料科学基础 ［M］．北京：清华大学出版社，1996.

[140] ABDERRAHIM F Z, FARAOUN H I, OUAHRANI T. Structure, bonding and stability of semi-carbides M$_2$C and sub-carbides M$_4$C(M=V, Cr, Nb, Mo, Ta, W): A first principles nvestigation ［J］. Physica B Condensed Matter, 2012, 407 （18）: 3833-3838.

[141] KRAJEWSKI A, D'ALESSIO L, MARIA G D. Physiso-chemical and thermo physical properties of cubic binary carbides ［J］. Crystal Research & Technology, 1998, 33 （3）: 341-374.

[142] LIU L, YE F, ZHOU Y, et al. Microstructure and mechanical properties of the spark plasma

sintered Ta$_2$C ceramics [J]. Ceramics International, 2012, 38 (6): 4707-4713.

[143] BAYARJARGAL L, WINKLER B, FRIEDRICH A, et al. Synthesis of TaC and Ta$_2$C from tantalum and graphite in the laser-heated diamond anvil cell [J]. Chinese Science Bulletin, 2014, 59 (36): 5283-5289.

[144] 吕云洲. 钽碳化合物的高温高压合成及性质研究 [D]. 长春: 吉林大学, 2014.

[145] GIORGI A L, SZKLARZ E G, STORMS E K, et al. Effect of composition on the superconducting transition temperature of tantalum carbide and niobium carbide [J]. Physical Review, 1962, 125 (3): 837-838.

[146] TARDIF A, PIQUARD G, WACH J. Eutectoid decomposition of Ta$_2$C [J]. Rev. Int. Hautes Temp. Refract, 1971, 8: 143-148.

[147] LISSNER F, SCHLEID T. Refinement of the crystal structure of ditantalum monocarbide Ta$_2$C [J]. Zeitschrift Für Kristallographie-New Crystal Structures, 2001, 216 (1/2/3/4): 351-352.

[148] SMITH J F, CARLSON O N. AVILLEZ R R D. The niobium-carbon system [J]. Journal of Nuclear Materials, 1987, 148 (1): 1-16.

[149] 向勇, 陈静, 白满社, 等. Li$_2$O-Al$_2$O$_3$-SiO$_2$ 微晶玻璃超光滑表面纳米压痕实验研究 [J]. 航空精密制造技术, 2013, 49 (6): 1-3, 7.

[150] ZHAO N N, XU Y H, ZHONG L S, et al. Microstructure and scratch resistance of TaC dense ceramic layer on an iron matrix [J]. Journal of Materials Engineering and Performance, 2016, 25 (6): 2375-2383.

[151] GUO J J, WANG K, FUJITA T, et al. Nanoindentation characterization of deformation and failure of aluminum oxynitride [J]. Acta Materialia, 2011, 59 (4): 1671-1679.

[152] KARCH J, BIFFINGER R, GLEITER H. Ceramics ductile at low temperature [J]. Nature, 1987, 330 (10): 556-558.

[153] 龚江宏. 陶瓷材料断裂韧性测试技术在中国的研究进展 [J]. 硅酸盐学报, 1996 (1): 53-57.

[154] 林广湧, 雷廷权, 周玉. 陶瓷材料断裂韧性的评定方法 [J]. 宇航材料工艺, 1995 (4): 12-19.

[155] LIN C M, CHANG C M, CHEN J H, et al. Hardness, toughness and cracking systems of primary (Cr, Fe)$_{23}$C$_6$ and (Cr, Fe)$_7$C$_3$ carbides in high-carbon Cr-based alloys by indentation [J]. Materials Science and Engineering, 2010, 527: 5038-5043.

[156] EBISU T, HORIBE S. Analysis of the indentation size effect in brittle materials from nanoindentation load-displacement curve [J]. Journal of the European Ceramic Society, 2010, 30: 2419-2426.

[157] NIIHARA K, et al. Evaluation of KIC of brittle solids by the indentation method with low crack-to-indent ratios [J]. Journal of Materials Science Letters, 1982, 1: 13-16.

[158] MAO W G, WAN J, DAI C Y, et al. Evaluation of microhardness, fracture toughness and residual stress in a thermal barrier coating system: A modified Vickers indentation technique [J]. Surface & Coatings Technology, 2012, 206: 4455-4461.

[159] EVANS A G, CHARLES E A. Fracture toughness determinations by indentation [J]. Journal of American Ceramic Society, 1976, 59 (7/8): 371-372.

[160] ANSTIS G R, CHANTIKUL P, LAWN B R, et al. A critical evaluation of indentation techniques for measuring fracture toughness: I, direct crack measurements [J]. Journal of American Ceramic Society, 1981, 64 (9): 533-538.

[161] LAWN B R, MARSHALL D B. Hardness, toughness, and brittleness—An indentation analysis [J]. Journal of American Ceramic Society, 1979, 62 (7/8): 347-350.

[162] LAUGIER M T. The elastic-plastic indentation of ceramics [J]. Materials Science Letters, 1985, 4 (12): 1539-1541.

[163] SHETTY D K, WRIGHT I G, MINCER P N, et al. Indentation fracture of WC-Co cermets [J]. Materials Science, 1985, 20 (5): 1873-1882.

[164] CHICOT D, DUARTE G, TRICOTEAUX A, et al. Vickers indentation fracture (VIF) modeling to analyze multi-cracking toughness of Titania, alumina and zirconia plasma sprayed coatings [J]. Materials Science & Engineering A, 2009, 527 (1): 65-76.

[165] LUBE T. Indentation crack profiles in silicon nitride [J]. Journal of the European Ceramic Society, 2001, 21 (2): 211-218.

[166] HOUDKOVÁ Š, KAŠPAROVÁ M. Experimental study of indentation fracture toughness in HVOF sprayed hardmetal coatings [J]. Engineering Fracture Mechanics, 2013, 110: 468-476.

[167] FENG Y, ZHANG T. Determination of fracture tougtle materials by indentation [J]. Acta Mechanica Solida Sinica, 2015, 28 (3): 221-234.

[168] PRAMANICK A K. Evaluation of fracture toughness of sintered silica-nickel nanocomposites [J]. International Journal of Research in Engineering and Technology, 2015, 4 (3): 334-339.

[169] MIYAZAKI H, HYUGA H, YOSHIZAWA Y I, et al. Crack profiles under a Vickers indent in silicon nitride ceramics with various microstructures [J]. Ceramics International, 2010, 36: 173-179.

[170] JONES S L, NORMAN C J, SHAHANI R. Crack-profile shapes formed under a Vickers indent pyramid [J]. Journal of Materials Science Letters, 1987, 6: 721-723.

[171] NINO A, HIRABARA T, SUGIYAM S, et al. Preparation and characterization of tantalum carbide (TaC) ceramics [J]. International Journal of Refractory Metals and Hard Materials, 2015, 52: 203-208.

[172] 胡赓祥, 蔡珣, 戎永华. 材料科学基础 [M]. 上海: 上海交通大学出版社, 2000.

[173] 陶杰, 崔益华, 肖军, 等. SiC 颗粒增强锌基复合材料硬度的研究 [J]. 金属热处理, 1995 (11): 5-7.

[174] SINGH V, SURI S, BAMZAI K K. Mechanical behaviour and fracture mechanics of praseodymium modified lead titanate ceramics prepared bysolid-state reaction route [J]. Journal of Ceramics, 2013, 2013 (4): 280605.

[175] HUANG S G, VANMEENSEL K, MOHRBACHER H, et al. Microstructure and mechanical properties of NbC-matrix hardmetalswith secondary carbide addition and different metal binders

［J］. Int. J. of Refract. Met. & Hard Mater. , 2015, 48: 418-426.

［176］ HUANG S G, BIES O V D, LI L, et al. Properties of NbC-Co cermets obtained by spark plasma sintering ［J］. Materials Letters, 2007, 61 (2): 574-577.

［177］ SANTOS C, MAEDA L D, CAIRO C A A, et al. Mechanical properties of hot-pressed ZrO₂-NbC ceramic composites ［J］. International Journal of Refractory Metals & Hard Materials, 2008, 26 (1): 14-18.

［178］ COOK B A, RUSSELL A M, PETERS J S, et al. Estimation of surface energy and bonding between AlMgB₁₄ and TiB₂ ［J］. J Phys. & Chem. Solids, 2010, 71 (5): 824-826.

［179］ 张玉军, 张伟. 陶瓷材料及其应用 ［M］. 北京: 化学工业出版社, 2005.

［180］ 温诗铸. 摩擦原理学 ［M］. 北京: 清华大学出版社, 2002.

［181］ 陈娟. 不同磨损状态下的磨粒特征研究 ［D］. 云南: 昆明理工大学, 2007.

［182］ 王孝建, 王银军. 超音速火焰喷涂 WC-12Co 涂层抗磨粒磨损性能研究 ［J］. 热喷涂技术, 2012, 2 (3): 44-48.

［183］ 孙伟春. 磨粒磨损研究的现状和发展趋势 ［J］. 技术创新与应用, 2008, 2: 71-72.

［184］ 温诗铸, 黄平. 摩擦学原理 ［M］. 北京: 清华大学出版社, 2002.

［185］ HUANG L, BONIFACIO C, SONG D, et al. Investigation into the microstructure evolution caused by nanoscratch-induced room temperature deformation in M-plane sapphire ［J］. Acta Materialia, 2011, 59 (13): 5181-5193.

［186］ ZUNEGA J C P, GEE M G, WOOD R J K, et al. Scratch testing of WC/Co hardmetals, Tribol ［J］. Tribology International, 2012, 54 (54): 77-86.

［187］ DENG H, SCHARF T W, BARNARD J A. Adhesion assessment of silicon carbide, carbon, and carbon nitride ultrathin overcoats by nanoscratch techniques ［J］. Journal of Applied Physics, 1997, 81 (8): 5396-5398.

［188］ SIVAKUMAR R, JONES M I, HIRAO K, et al. Scratch behavior of SiAlON ceramics ［J］. Journal of the European Ceramic Society, 2006, 26 (3): 351-359.

［189］ HUANG L, LU J, XU K. Elasto-plastic deformation and fracture mechanism of a diamond-like carbon film deposited on a Ti-6Al-4V substrate in nano-scratch test ［J］. Thin Solid Films, 2004, 466 (1/2): 175-182.

［190］ HU Z, LYNNE K J, MARKONDAPATNAIKUNI S P, et al. Material elastic-plastic property characterization by nanoindentation testing coupled with computer modeling ［J］. Materials Science & Engineering A, 2013, 587 (12): 268-282.

［191］ HU S. Understanding the fracture toughness testing method and toughness evaluation of WC-Co based cemented carbides ［D］. Changsha: Hunan University, 2013.

［192］ CONG X N, CHEN Z F, WU W P, et al. A novel Ir-Zr gradient coating prepared on Mo substrate by double glow plasma ［J］. Applied Surface Science, 2012, 258 (12): 5135-5140.

［193］ FENG C J, HU S L, JIANG Y F, et al. Effects of Si content on microstructure and mechanical properties of TiAlN/Si₃N₆-Cu nanocomposite coatings ［J］. Applied Surface Science, 2014, 320: 689-698.

[194] BOWDEN F P, MOORE A W, TABOR D. The ploughing and adhesion of sliding metals [J].
J. of Appl. Phys., 1943, 14 (2): 80-91.

[195] LI X, BHUSHAN B. Micro/nanomechanical and tribological characterization of ultra-thin
amorphous carbon coatings [J]. Journal of Materials Research, 1999, 14 (6): 2328-2337.

[196] WU W J, HON M H. The effect of residual stress on adhesion of silicon-containing diamond-
like carbon coatings [J]. Thin Solid Films, 1999, 345 (2): 200-207.

[197] XU K, HU N, HE J. Evaluation of the bond strength of hard coatings by the contact fatigue
test [J]. Journal of Adhesion Science & Technology, 2012, 12 (10): 1055-1069.